한국
고라니

NIE Eco Guide 01

한국
고라니

발행일 2016년 3월 28일 초판 1쇄, 2017년 4월 10일 2쇄 발행

지은이 김백준, 이배근, 김영준
발행인 이희철
편집책임 김웅식 | **편집** 이규, 유연봉
편집진행·디자인 GeoBook | **사진** 김백준, 이배근, 김영준, 최종인, 김연수, 우리하나, Shutterstock
발행처 국립생태원 출판부 | **신고번호** 제458-2015-000002호(2015년 7월 17일)
주소 충남 서천군 마서면 금강로 1210 / www.nie.re.kr
문의 Tel. 041-950-5998 / press@nie.re.kr

ISBN 979-11-86197-52-3 94400
ISBN 979-11-86197-51-6(세트)

- 국립생태원 출판부 발행 도서는 기본적으로 「국어기본법」에 따른 국립국어원 어문 규범을 준수합니다.
- 동식물 이름 중 표준국어대사전에 등재된 경우 해당 표기를 따랐으며, 우리말 표기가 정립되지 않은 해외 동식물명과 전문용어 등은 국립생태원 자체 기준에 의해 표기하였습니다.
- 고유어와 '과(科)'가 합성된 동식물 과명(科名)은 사이시옷을 불용하는 국립생태원 원칙에 따라 표기하였습니다.
- 두 개 이상의 단어로 구성된 전문용어는 표준국어대사전에 합성어로 등재된 경우에 한하여 붙여쓰기를 하였습니다.

Korean Water Deer

한국
고라니

김백준 · 이배근 · 김영준 지음

국립생태원
NIE PRESS

생태, 알면 사랑한다

국립생태원은 사람과 자연이 조화롭게 살아갈 수 있는 환경을 만들기 위해 생태에 대한 연구와 교육, 전시 기능을 담당하고 있는 국가기관입니다. 더불어 이런 일들이 국민들의 삶과 얼마나 밀접한 관계가 있는지, 얼마나 중요한 것인지를 널리 알리기 위해 노력하고 있습니다. 그 일환으로 영유아에서 성인에 이르는 다양한 대상층을 위한 맞춤형 콘텐츠를 개발하여 보급하는 일을 하고 있습니다.

으레 연구기관에서 생산하는 콘텐츠라 하면, 어려운 용어와 복잡한 데이터를 먼저 떠올리는 경우가 많습니다. 비록 해당 분야에서는 매우 의미 있는 연구 결과물일지라도 일반 국민이 그 내용을 온전히 이해하기란 결코 쉬운 일이 아닐 것입니다. 그러나 우리는 이미 다양한 분야의 연구자들이 대중적인 언어로 쉽게 풀어 쓴 전문 서적들을 베스트셀러 목록에서 심심치 않게 찾아볼 수 있습니다. 국민들에게 꼭 필요한 정보를 그들의 눈높이에 맞는 언어로 쉽게 표현하는 작업은 연구자가 늘 관심을 가져야 할 중요한 미덕입니다.

NIE Eco Guide 시리즈는 생태와 관련된 핵심 주제들을 누구나 쉽게 이해할 수 있도록 꾸민 일반인 대상의 생태교양총서입니다. 많은 사람들이 어렵고 복잡하게만 여겼던 생태와 환경을 좀 더 친근하게 느끼고 쉽게 이해하기를 바라는 마음으로 이 시리즈를 펴냅니다.

NIE Eco Guide 시리즈는 국립생태원이 수행하고 있는 연구와 정책 제안들이 왜 필요한지 자연스럽게 알 수 있는 좋은 기회가 될 것입니다. 여러분! 우리가 모르는 것을 사랑할 수 있을까요? 인간은 서로에 대해 속속들이 알고 나면 결국 사랑할 수밖에 없는 착한 심성을 타고난 동물입니다. 그래서 NIE Eco Guide 시리즈 이름 앞에 '알면 사랑한다'라는 말을 덧붙여 놓았습니다. 생태계를 구성하고 있는 모든 것들은 알면 알수록 사랑할 수밖에 없는 매력적인 친구들입니다. 이 책과 더불어 여러분도 새로운 사랑을 시작하길 희망합니다.

국립생태원 출판부

한국고라니가 우리에게 주는 교훈

꽤 여러 해 전의 일이다. 어느 날 우연히 안산에서 구조된 고라니 한 마리를 만난 적이 있다. 로드킬roadkill로 부상을 당한 후 우리 안에서 보호 중이던 고라니였다. 나는 지인과 함께 가까이 다가가 고라니를 살펴보았다. 고라니는 많이 다쳤는지 몸을 잘 움직이지 못했다. 사람이 접근하니 피하고 싶은 듯했지만 뜻대로 되지 않아 몸을 떨기만 했다. 자연스럽게 나는 고라니에게 말을 걸었다.

"많이 아프니?"

"곧 건강해질 테니 너무 걱정하지 마!"

종이컵에 물을 담아 아픈 고라니의 입 쪽에 대주었다. 고라니는 가만히 혀를 내밀어 물을 적셔 입안으로 가져갔다. 그때 나는 눈물이 어려 있는 고라니의 커다랗고 가녀린 눈망울을 보았다. 그 눈동자에는 내 모습이 희미하게 비쳐 있었다.

여러 사람들의 간절한 바람에도 불구하고, 고라니는 얼마 지나지 않아 숨을 거두고 말았다. 그때 고라니의 여린 눈망울과 그 눈 속에

비친 내 모습이 지금도 선명하게 기억난다. 나는 고라니의 맑은 눈을 마주하면서 왠지 모르게 부끄럽고 미안한 마음이 들었다. 고라니의 눈에서 사람들의 무정함에 상처 받는 자연을 본 것일까. 그 일이 있은 후 나는 고라니에게 점점 애정을 가지게 되었다. 그리고 연구를 통해 그 애정을 지금까지 키워 왔다.

고라니는 전 세계적인 멸종 위기종endangered species이다. 고라니가 토착종으로 서식하는 나라는 지구 상에 딱 두 곳밖에 없는데 바로 한국과 중국이다. 내가 고라니 연구를 시작할 당시, 중국고라니에 대한 연구는 영국과 중국 학자들에 의해 어느 정도 진행이 되고 있었다. 하지만 한국고라니의 경우는 달랐다. 한국에 고라니가 너무 흔한 동물이기 때문이었을까. 고라니에 대한 관심과 연구가 너무 부족했고, 그런 현실은 지금도 크게 다르지 않다.

개체 수가 적은 중국고라니에 비해 개체 수가 상대적으로 많은 한국고라니 연구가 거의 없다는 사실 때문에 연구에 대한 내 의욕이 더

커졌다. 그리고 내가 경험한 고라니의 슬픈 죽음 같은 일을 막고 싶다는 마음도 커져 갔다. 운이 좋았던 덕분에 한국고라니에 대한 연구는 발표하는 족족 학계의 첫 번째 사례가 될 수 있었고, 나와 동료들의 연구 결과는 저명한 국내외 학술지에 계속 실렸다. 하지만 전공학자들이 주로 보는 학술지에 연구 결과를 발표하는 것만으로는 한국의 고라니가 처해 있는 암울한 현실을 바로잡거나 널리 알리기에 모자람이 컸다.

밤을 새워 일을 할 때면 가끔 바람을 쐬러 밖으로 나간다. 자정이 지난 늦은 시각, 찬바람에 머리를 식히고 있다 보면 멀리서 "으~억, 으~억" 하는 소리가 들린다. 귀에 익은 소리에 나도 모르게 슬며시 입가에 미소가 떠오른다. 고라니의 울음소리이다. 개가 짖는 소리와 매우 비슷하지만 더 강렬하고 길다.

박사 학위를 위한 연구를 하면서 참으로 많은 고라니를 만났다. 산, 들, 논과 밭 그리고 강가. 한국의 거의 모든 지역에 수많은 고라니가 살고 있다. 고라니의 일생도 사람과 크게 다르지 않은 것 같다. 세상에 태어난 어린 고라니는 생후 1년이 채 되지 않은 어린 나이에 독립하여 홀로서기를 한다. 거친 삶의 전선에 뛰어든 아기 고라니는 그때부터 살아남기 위해 밤과 낮을 가리지 않고 부지런히 먹이 활동을 한다. 사람과 마찬가지로 자신의 영역을 지키기 위해 다른 동물과 치열하게 경쟁한다. 시간이 흘러 짝을 만나 새끼를 낳고 이들을 위해 헌신한다. 때로는 사람들이 만들어 놓은 도로를 건너다 차에 치일 뻔하고, 총소리에 놀라 사람들을 피해 무성한 갈대숲으로 숨어들고, 덫과 올무에 걸려 상처를 입었다가 운 좋게 빠져나오기도 하고, 모기와 진드기에 물려 몇 날 며칠을 아파 끙끙거리기도 한다. 야생동물인 고라니 역시 사람만큼, 아니 그 이상으로 험난한 삶을 살아가고 있다는 사실을 사람들은 잘 모를 것이다. 다행히 이러한 역경을 잘 헤쳐 나간 고라니는 결국 다른 동물과 생태계를 위해 자신의 육체를 내어 주고 짧은 생애를 마무리한다.

고라니의 생태, 유전, 질병 등을 연구하며 나는 이런 사실을 하나둘 보았고 고라니를 조금씩 더 많이 이해하게 되었다. 사람과 비슷한 고라니의 삶을 보면서, 인간인 내가 어떻게 살아야 할지도 생각하게 되었다. 어쩌면 고라니에 대해 배워야 하는 것은, 고라니에 대한 과학적 지식보다는 인간을 닮은 이들의 삶이 주는 교훈이 아닐까.

고라니에 대한 책을 써 보자는 생각을 몇 번 했지만 지금까지 행동으로 옮기지 못하였다. 그러던 중 국립생태원 출판부에서 새롭게 출간하는 NIE Eco Guide 시리즈를 알게 되었고, 이번에 쓰지 않으면 다음에는 더 힘들 것이라는 생각에 집필계획서를 제출했다. 고라니를 연구했던 공저자들과 함께할 수 있어 더욱 든든하였다. 그러나 원고를 작성하면서 '어떻게 학술적인 내용을 독자들이 쉽게 이해할 수 있게 쓸 수 있을까?'라는 난관에 봉착하게 됐다. 학술적인 글 외에는 써 본 적이 없는 우리에게 이는 여간 어려운 일이 아니었다. 전문 편집자들의 도움으로 몇 차례의 퇴고를 거치면서 처음보다 원고가 나아지긴 했지만, 부족함에 대한 책망은 여전하다. 깊이 있는 이야기를 전하고 싶었는데 아쉬운 점이 많다.

공저자를 대표하여 귀한 사진을 제공해 주신 최종인 선생님께 진심으로 감사드린다. 또한 최재천 원장님과 책이 나오기까지 애써 주신 출판 관계자 여러분께 감사의 인사를 전하고 싶다. 이 책을 통해 사람들이 고라니에 대해 알게 되고, 그들이 얼마나 어려운 상황에서 생존을 위해 싸우고 있는지 알아 준다면 정말 기쁠 것 같다.

2016년 3월

공저자를 대표하여 김백준

차례

3. 고라니 연구 들여다보기

4. 고라니와 더불어 살아가기

1
고라니와
첫 만남

가깝고도 먼 이름, 고라니

"고라니가 어떤 동물인지 아시나요?"

고라니를 연구하는 전공자의 입장에서, 처음 만나는 사람들에게 종종 이런 질문을 던져 본다. 그러면 사람들은 대부분 "고라니 모르는 사람이 어디 있어요?"라고 대답한다. 그 사람들에게 다시 "그럼 고라니와 노루는 어떻게 다른지 아세요?", "고라니와 사슴의 차이점이 무엇인지 아십니까?"라고 물어보았을 때 제대로 대답하는 사람은 거의 없다. 고라니의 상징이라고 할 수 있는 송곳니의 존재를 알고 있는 사람도 그렇게 많지 않다.

고라니에 대해 사람들이 털어놓는 이야기는 의외로 비슷하다. "고라니는 농작물에 피해를 주잖아요.", "로드킬 많이 당하는 동물이죠.

저도 죽은 고라니를 도로에서 본 적이 있어요." 같은 대답을 하는 경우를 무척 많이 보게 된다. 고라니를 좋아한다거나, 고라니가 좋은 동물이라는 이야기는 거의 들어 보지 못했다.

고라니는 한반도에서 가장 흔하게 볼 수 있는 포유류 중 하나다.그림 1-1 우리나라 사슴과 종류 중에서 개체 수가 가장 많은 종이기도 하다. 하지만 고라니에 대한 제대로 된 정보를 가지고 있는 사람은 너무 적고, 그런 정보를 접할 만한 통로도 없다. 아직까지 한국고라니와 관련하여 제대로 된 책 한 권조차 없는 실정이다.

그림 1-1. 한국고라니(장항 습지, 2007)

고라니를 연구하는 나와 동료들도 사실 시작 단계에서는 보통 사람들과 크게 다르지 않았다. 다만 다른 야생동물을 조사하고 연구하며 치료하는 과정에서 일반 사람들과 달리 고라니를 비교적 자주 관찰할 수 있었다는 것이 작은 차이일 뿐이다. 그러나 고라니를 본격적으로 따라다니며 다양한 생태나 유전적 특성에 대하여 알면 알수록 이 '뻐드렁니를 가진 사슴'의 매력에 흠뻑 빠지고 말았다.

'고라니'는 순우리말이다. 그만큼 한국인에게는 오랫동안 익숙한 동물이었던 것으로 보인다. 우리나라에 서식하는 흔한 야생동물은 대부분 순우리말 이름이 있지 않은가. 너구리, 족제비, 오소리, 노루, 토끼, 늑대 같은 다정하고 재미난 이름들 말이다.

고라니가 원래 무슨 뜻이었는지는 아직 분명하게 밝혀져 있지 않다. 고라니가 송곳니라는 의미라고 말하는 이들도 있지만 학술적으로 증명된 사실은 아닌 듯하다. 하긴, 고라니가 노루나 사슴과 외형에서 가장 차이가 나는 부분이 바로 삐죽하게 나 있는 송곳니이기는 하다.

고라니는 노루와 비슷하게 생겼지만 몸집이 작아 '보노루', '복작노루'라고 불리기도 한다. 하지만 이 이름들은 학계에서 통용되는 명칭이 아니다. 중국에서는 '어금니노루'라는 의미로 '아장牙獐'이라고 부른다. 아마 여기에서 고라니라는 이름이 유래된 것으로 추측된다.

영어권 국가에서는 고라니를 '워터디어water deer' 즉 '물사슴'이라고 부른다. 중국 양쯔 강 지역에서 외국인이 고라니를 처음 발견했을 당시 물가에서 노니는 것을 보고 붙인 이름이라고 한다. 이름처럼 고라니는 물을 좋아하는 사슴이다. 습지처럼 물이 있는 지역을 선호하지만, 습지가 아닌 다양한 환경에서도 살고 있다. 또한 입술 밖으로 길게 뻗어 나온 한 쌍의 송곳니 때문에 외국에서는 '흡혈귀 사슴 vampire deer'이라는 이름도 가지고 있다.그림 1-2

고라니는 온대기후에 잘 적응하여 살아가는 종이다. 온대기후대에 속하는 한반도에서는 매우 흔한 동물이다. 아마 우리나라 포유동물 중 가장 흔히 볼 수 있는 동물 중 하나일 것이다. 그런데 우리 주위에 이렇게 흔한 고라니가 사실은 한국과 중국에만 사는 토착종이며 국

그림 1-2. 수컷 고라니의 송곳니(안산, 2005)

제적으로 멸종 위기에 처한 종이라면 사람들이 믿을까?

이 사실은 의외로 잘 알려져 있지 않다. 하지만 고라니는 전 세계에서도 한국과 중국에만 살고 있다. 그리고 상대적으로 개체 수가 많은 우리나라에서 고라니를 유해 야생동물로 보고 있는 것과는 달리, 중국에서는 고라니를 보호종으로 지정하고 있다. 하지만 왜 이런 사실을 사람들이 모르고 있는 것일까.

학술적으로 고라니Hydropotes inermis는 우리나라와 중국에만 서식하는 토착종native species으로 알려져 있다. 고라니는 중국에서 처음 발견되었기 때문에 해외에서는 '중국고라니Chinese water deer'라고 부르기도 한다. 하지만 이 책에서는 게이스트Geist가 1998년에 책『Deer of the World』에서 언급한 '고라니water deer'를 사용하고자 한다.

중국고라니는 서양의 학자 스윈호Swinhoe가 1870년에 처음 발견했다. 한국고라니는 그로부터 14년 뒤인 1884년 호이드Heude가 처음 소개한 것으로 알려져 있다. 생물학적 관점에서 볼 때 고라니 종은 두 개의 아종*으로 구별되는데, 중국 동부 지역에 분포하는 중국고라니Chinese water deer, H. i. inermis와 한반도 전역에 분포하는 한국고라니Korean water deer, H. i. argyropus가 그것이다.

고라니는 사슴과Cervidae의 고라니아과Hydropotinae에 속한 가장 원시적인 종의 하나이다. 송곳니가 삐죽하게 솟아 있는 모습은 고대의 생물처럼 보이기도 한다. 고라니가 속한 사슴과는 사향노루과Moschidae

에서 분지되었는데, 여러 가지 형태적 특징이 노루와 매우 유사한 것으로 알려져 있다.그림 1-3

고라니는 사슴과에 속하는 다른 동물들과 어떻게 다를까? 사슴과는 우제류의 공통 조상*이라고 추정되는 종에서 분화되었다. 고라니가 속해 있는 사슴과에는 세 종류의 아과가 있다.그림 1-4 고라니아과 Hydropotinae , 노루아과Capreolinae , 사슴아과Cervinae 이다. 그 아래에는

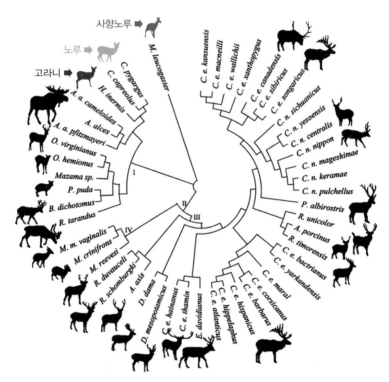

그림 1-3. 사슴과(Ceridae)에 포함된 종간의 분지 양상(Pitra et al., 2004)

23속 47종의 동물이 속해 있다. 사슴과는 신생대 중신세*Miocene 초기에 아시아에서 처음 발견되어, 사막에서 북극까지 광범위한 지역으로 퍼져 나갔다고 한다.

현재 사슴과 동물은 유럽, 아시아, 북아프리카, 북미, 남미에 걸쳐 넓게 분포하고 있다. 어디에서나 쉽게 볼 수 있는 동물인 것이다. 이 과에 속하는 동물은 일반적으로 담낭, 즉 쓸개가 없거나 매년 뿔이 자

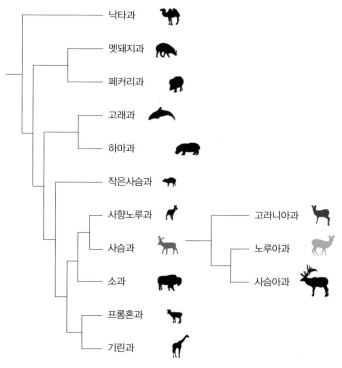

그림 1-4. 사슴과의 계통도(Hernadndez-Fernandez and Vrba, 2005)

라 떨어져 나가는 독특한 특징이 있다. 대표적으로 뿔이 나뉘어 자라는 모양, 염색체형, 생태, 행동을 바탕으로 사슴과는 다시 두 개의 독립된 그룹으로 나뉜다. 하나는 사슴족Cervini과 문착족Muntiacini으로 구성된 사슴아과를 포함하는 '플레시오메타카팔 그룹*plesiometacarpal group', 다른 하나는 노루아과와 고라니아과를 포함하는 '텔레메타카팔 그룹*telemetacarpal group'이다. 그러나 사슴과를 어떻게 구분할 것인지는 아직 논쟁이 이어지고 있어, 확정된 하나의 계통이나 분류 체계가 없다.

고라니는 세계적으로 한국, 중국, 영국과 프랑스 일부에 살고 있다. 중국고라니는 과거 중국 중부와 동부 넓은 지역에 많은 수가 살았다. 하지만 서식지가 없어지고 밀렵이 무분별하게 행해지면서 개체 수가 급격하게 감소했다. 현재 중국고라니는 지역적 고립으로 인해 양쯔강 남부를 포함한 일부 지역에 살고 있다. 하지만 그 수가 많지 않기 때문에 보호를 받고 있는 실정이며, 일부 지역에서는 고라니 복원 사업도 진행하고 있다.

원래 살던 서식지가 아닌 곳에 살고 있는 고라니도 있다. 19세기말부터 전시와 사육을 목적으로 중국고라니들을 프랑스와 영국으로 이주시켰기 때문이다. 아직도 이 두 나라에는 제한적이지만 중국고라니가 살고 있다.

그렇다면 한반도에서는 어떨까? 제주도, 울릉도, 독도 등 일부 지역을 제외하고 대부분의 지역에서 고라니를 볼 수 있다. 한국에 고라니가 이렇게 많이 살고 있다는 점은 앞으로의 고라니 연구와 보호에 시사하는 바가 크다. 생물 다양성*biodiversity과 국가적 생물 주권*bio-sovereignty 확립이 중요한 현시대에 한국의 고라니는 대단히 가치 있는 생물이라 할 수 있다.

중국과 영국에서는 고라니에 대한 연구가 어느 정도 진행되고 있다. 하지만 아직 세계적으로 고라니에 대해 잘 알고 있는 외국 학자는 극히 드물다. 고라니는 한국에서도 외국에서도 아직은 미지의 동물인 것이다. 학자의 입장에서는 외국 학계에 한국의 고라니에 대해 더 많이 알리는 한편, 우리나라 사람들을 대상으로 고라니에 대한 오해도 풀어야 하니 할 일이 정말 많다.

고라니는
어디에서 왔을까요?

아프리카를 떠나온 고라니 조상

왜 고라니는 한반도와 중국 동북부 일부 지역에만 살고 있을까? 고
라니에 대해 관심을 가지게 된 사람들이 가장 궁금해 하는 문제 중
하나이다. 우리 연구자들 역시 그랬다. 이 비밀을 알게 되면 고라니와
조금은 더 가까워질 수 있을 것 같았다.

고라니의 서식지가 중국과 한국에 국한된 이유를 알려면 계통지
리학*적 관점에서 문제에 접근할 필요가 있다. 최초 사슴류의 조상이
어디에서 태어났고 어디로 이동했는지, 또 이 과정에서 어떤 새로운
종들이 발생했고 어떻게 적응했는지를 이해해야 하기 때문이다.

사슴류의 공통 조상은 아프리카에 살고 있었다.그림 1-5 한 연구에
따르면 사슴류의 공통 조상은 아프리카에서 인도를 거쳐 중국에서

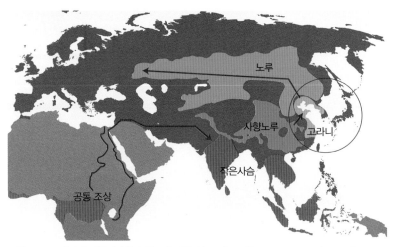

그림 1-5. 고라니의 계통지리학적 연구에 따른 분포도(http://www.flickr.com/photos/nelson_gomes/7822878368/sizes/s/in/photostream/)

한반도로 넘어왔는데, 한반도와 중국 일부 지역의 경우 이러한 사슴류의 진화 과정에서 분화되어 새롭게 고라니가 생겨났던 것으로 보인다. 고라니의 조상은 점차 물과 먹이가 풍부한 초지대와 산림의 접경지대에 안착하게 됐다. 이 접경지대는 주로 습지와 하천 같은 물 주변인데, 아마도 고라니에게는 이런 곳이 생존에 더 유리했을 것이다.

포유류는 신생대에 매우 번성하여 전 세계로 퍼져 나갔는데 빙하기에 몰아 닥친 혹한으로 많은 종들이 위험에 처하게 되었고 사라지기도 하였다. 신생대 홍적세*에 있었던 빙하기의 영향은 아시아보다는 유럽과 북미에서 훨씬 더 극심하여, 다른 지역에 비해 아시아 지역에서는 멸종한 생물종의 수가 상대적으로 적었다. 당시 한반도 및 인근의 중국 남부 지역은 다른 지역보다 따스하여 많은 동물들의 피난처 역할을 한 것으로 알려져 있다. 빙하기 때의 고라니도 이 지역에 잘 적응하여 살았을 것이다. 굳이 다른 지역을 선택할 필요가 없었기에 구태여 멀리 이동하지 않았을 것으로 보인다.

빙하기에 우리의 황해는 육지였으며, 한반도와 중국은 서로 연결되어 있었다. 당시 한반도는 아마도 많은 하천이 흐르는 육지였을 것이며, 따라서 고라니가 살기에는 최적의 지역이었을 것이다. 고라니보다 늦게 갈라져 나온 노루는 고라니와는 달리 산악 지대를 선호하는 동물이다. 노루는 한반도에 잘 적응하며 살기도 했지만 한편으로는 중국 동북부 지역을 통해 몽골, 러시아, 유럽으로도 퍼져 나가게 되었다.

결론적으로 아프리카에서 한반도까지 오게 된 사슴류의 조상이 고라니가 되어 한반도에 정착했고, 노루는 여기에서 다시 서쪽으로 퍼져 나갔다. 산악 지대를 선호하는 노루이다 보니 아마 산림을 따라 자연스럽게 옮겨간 것으로 보인다. 나중에 빙하기가 지난 후 한반도를 둘러싼 지형은 달라졌지만, 고라니는 그대로 이 지역에서 계속 살아오고 있는 것이다. 고라니가 마치 고대의 동물처럼 송곳니를 유지하고 있는 것도 어쩌면 빙하기 당시의 모습 그대로가 유지되었기 때문은 아닐까?

뿔 대신 송곳니가 있는 사슴

모든 동물은 자신을 방어할 무기나 능력을 갖고 있다. 날카롭고 단단한 뿔, 이빨, 발톱을 가지고 있거나 빠른 발과 강인한 힘을 지닌 동물도 있고 보호색을 갖춘 동물도 있다. 이런 능력을 가지지 못한 인류에게는 도구를 이용할 수 있는 지능이 있다.

고라니에게는 무엇이 있을까? 보통의 수사슴은 뿔을 가지고 있지만 고라니에게는 긴 송곳니가 있다. 그런데 왜 고라니에게는 사슴 같은 뿔이 없을까? 사슴의 뿔과 고라니의 송곳니 중 진화의 측면에서 더 오래된 것은 어느 쪽일까?

이와 관련해서는 두 가지의 가설이 있다. 첫 번째는 고라니가 처음부터 송곳니를 가지고 있었다는 설이다. 두 번째는 고라니가 송곳니와 뿔을 함께 가지고 있다가 진화 과정에서 송곳니만 남고 뿔이 사라졌다는 것이다.

고라니 이후에 나타난 종 중 일부는 송곳니와 뿔을 모두 가지고 있고 또 일부는 뿔만 가지고 있다. 이런 상황을 고려할 때, 고라니의 송곳니는 일차적인 진화의 산물이고 뿔은 그 후에 나타난 이차적인 산물이라는 것이 정설로 받아들여지고 있다. "뿔이 먼저냐? 송곳니가 먼저냐?" 하는 질문의 정답은 지금까지의 연구 결과로 보자면 송곳니라고 할 수 있다. 사슴에게는 뿔보다는 송곳니가 진화사에서 먼저 발생했던 셈이다.

고라니 이후에 나타난 사슴 중에서 어떤 종은 송곳니와 뿔을 모두 가지게 되었고, 또 어떤 종은 송곳니가 퇴화되고 대신 뿔만 가지게 되었다. 한국의 사슴만 놓고 이야기한다면, 고라니와 사향노루는 송곳니가 있는 반면 노루는 뿔이 있다.그림 1-6 지금은 남한 지역의 야생에서 사라진 사슴대륙사슴과 붉은사슴 역시 뿔이 있었다고 한다.

그럼 고라니는 왜 진화에서 새롭게 뿔을 선택하지 않고 기존의 송곳니를 선택하게 되었을까? 이 질문에 대한 명쾌한 해답은 아직까지 없다. 하지만 고라니가 과거 자신들이 살아왔던 환경에 잘 적응하여 현재의 종으로 생존하고 있는 것에서 그 해답을 찾을 수 있지 않을까? 진화적인 관점에서 새로운 종이 생겨나고 번성하기 위해서는 살아가는 환경, 즉 서식지에 대한 적응 능력이 필수적일 것이다.

사향노루속

노루속

©ErikAdamsson

©Andy.vac

얼룩무늬아기사슴속

고라니속

©P.Jeganathan

©최종인(약산, 2006)

그림 1-6. 사슴류의 진화 단계

고라니는 풀이 무성한 평지와 나무가 많은 산이 만나는 경계 지역을 좋아한다.그림 1-7 포식자를 피하기 위해 밝은 낮에는 주로 평지에 머무르는데, 만약 뿔이 있다면 적과 싸우거나 적을 피해 도망칠 때 갈

그림 1-7. 고라니는 산과 평지의 경계를 좋아한다.(안산, 2013)

대 같은 식물에 걸려 생존에 많은 어려움을 겪을 수 있을 것이다. 따라서 뿔은 살아가기에 거추장스러워 선택하지 않았을 가능성이 높다. 반면에 송곳니는 빽빽한 갈대밭과 같은 서식지에서 다른 수컷 고라니와 경쟁하기 위한 유용한 수단이 될 수 있을 것이다. 더 나아가 경쟁에서 우위에 있는 개체들이 성공적으로 번식하게 되어 후세에 송곳니와 관련된 형질들을 물려주게 되었을 것으로 추측된다.

사람과 비교하자면 고라니는 크고 무겁고 강력한 무기보다 작고 가볍고 날카로운 무기를 선택한 셈이다. 평지와 산지가 만나는 경계지역은 먹이를 구하기 쉬웠을 것이니, 여기에서 오랫동안 정착하면서 뿔보다는 송곳니의 선택으로 굳어졌을 것이다. 만약 고라니에게 송곳니 대신 뿔이 있었다면 어떤 일이 벌어졌을까? 아니면 고라니가 오늘날 뿔과 송곳니를 다 가지고 있다면 어땠을까? 보통 사람들은 자연이나 과학을 그저 냉정하고 객관적이기만 한 분야라고 생각한다. 그러나 과학을 업으로 삼고 있는 연구자들은 의외로 엉뚱하고 쓸데없는 상상을 즐긴다. 뿔과 송곳니를 둘러싸고 고라니에 대한 이런저런 상상을 따라가다 보면, 한반도의 생태계와 생물 진화가 지금과는 전혀 달라진 세상이 그려지기도 한다.

고라니의 송곳니는 가을에 나기 시작하여 이듬해 봄까지 절반 정도 자란다. 생후 18개월에서 2년까지 송곳니는 계속 자라는데, 보통 수컷은 송곳니가 4~5cm까지 자라지만, 길게 자라면 7cm가 넘는 경우도 있다. 암컷의 송곳니는 수컷보다 작아서 0.5~0.8cm까지 자라는데 너무 작은 데다가 입술에 덮여 있어 밖에서는 보이지 않는다.

그림 1-8. 수컷 고라니의 송곳니(충남야생동물구조센터, 2013)와 두개골(2015)

고라니는 완전히 성장하여 치조골과 송곳니가 붙기 전까지는 송곳니를 약간 움직일 수 있다.그림 1-8 먹이를 먹을 때는 송곳니를 뒤로 젖혀 방해가 되지 않게 하기도 하고, 다른 고라니와 싸울 때는 송곳니를 앞으로 당겨 위엄을 과시하기도 한다.

고라니들은 실제로 싸우는 경우가 드물지만, 필요한 상황에서는 싸움을 피하지 않는다. 대부분의 동물처럼 수컷 고라니도 자신의 세력권에 다른 수컷 고라니가 침입하는 것을 용납하지 않는다. 송곳니와 발을 이용하는 싸움이 때론 격렬하여 심하게 다치기도 한다. 싸움으로 송곳니가 부러지거나 빠지는 경우도 있고, 드물지만 죽는 고라니도 있다.

고라니의 송곳니는 싸움에만 쓰이는 것이 아니다. 고라니는 송곳니로 자신만의 이야기를 한다. 수컷 고라니는 지면에서 약 50cm 높이에 있는 가느다란 나무줄기를 날카로운 송곳니로 긁어 거칠게 껍질을 벗긴다.그림 1-9 이것이 고라니가 영역을 표시하는 방법이다. "내 집이니 들어오지 마

그림 1-9. 수컷 고라니가 송곳니로 영역을 표시한 흔적(청원, 2013)

시오."라는 의사 표현인 것이다. 나무줄기에 송곳니 자국이 날카롭게 남아 어떤 고라니의 영역인지 구별할 수 있다. 하지만 사람들이 야외에서 이런 흔적을 발견하고 알아보기는 쉽지 않다.

한편 여느 수사슴들의 뿔은 암사슴이 짝을 선택하는 기준이 된다는 사실을 들어 봤을 것이다. 사람으로 따지자면 여성이 결혼 상대자를 선택할 때 재력, 외모, 성격 등을 보는 것과 마찬가지이다. 그럼 뿔이 없는 고라니의 경우는 어떨까? 고라니는 뿔 대신 송곳니가 있으니 이 송곳니가 그러한 기준이 되지는 않을까? 기다랗고 하얗게 반짝이는 송곳니가 더 건강하고 강한 수컷의 상징은 아닐까? 여기에 대해서 아직까지는 알려진 바가 없어 충분히 연구할 만한 가치가 있을 것이다.

작지만 매혹적인 고라니

제법 크면서 털이 나 있는 둥근 귀를 쫑긋 세운 모습, 빛나고 아름다운 검은 눈, 검고 촉촉해 보이는 코가 돋보이는 머리, 잘 빠진 몸매에 가늘고 날씬한 다리. 작지만 우아한 생김새가 바로 한국고라니의 특징이다. 가녀리게 보이는 긴 뒷다리로 토끼처럼 껑충껑충 사뿐하고 잽싸게 뛰는 모습은 야생에서 종종 관찰할 수 있다.

한국고라니는 다른 사슴과 동물보다 체구가 작다. 국내 사슴류에서는 사향노루 다음으로 작은 동물이다. 고라니는 보통 몸의 전체 길이가 80~100cm까지 자란다. 몸 높이는 보통 55cm 정도이며 평균 몸무게는 15kg 내외이다. 보통 수컷이 암컷보다 체구가 크고 무게가 더 나가지만, 어떤 암컷은 20kg이 넘는 것으로 기록된 바 있다. 고라니는 6개월 정도 되면 어른 고라니 몸무게의 80%까지 자란다.

고라니는 유두가 모두 4개인데 뒷다리 사이 하복부에 위치하고 있다. 유두 길이는 1cm 내외, 유두 간 간격은 4~5cm이다. 다리는 길고 가늘며, 발가락 끝이 각질 발굽으로 덮여 있다. 세 번째와 네 번째 발가락이 발달하여 발굽이 두 개로 나뉘어 있다. 반면 두 번째와 다섯 번째 발가락은 며느리발톱이라 불리며 불완전한 형태를 띠고 있다. 고라니는 발자국 길이가 4~5cm, 폭이 3~4cm이다.그림 1-10 며느리발톱 발자국은 일반적으로 땅에 찍히지 않으나, 눈이 깊이 쌓인 곳이나 진흙으로 된 곳을 뛰어갈 때는 흔적이 남는다. 고라니는 걸을 때 보통 앞발은 벌어지고 뒷발은 모이는 경향이 있다.

털은 동물을 구분 짓는 중요한 특징이 된다. 포유동물은 모두 털이 있으나 종마다 색깔이나 모양, 발생 시점에서 차이가 있다. 포유동물은 털로 체온을 따뜻하게 유지할 수 있다. 털은 이외에도 짝짓기, 은

그림 1-10. 고라니의 발굽(철원, 2006)과 발자국(서산, 2013)

폐, 인지 등 여러 가지 생명 활동에 중요한 역할을 담당한다.

고라니의 털은 거칠고 굵으며 구불구불하다.그림 1-11 전체적으로는 황갈색 또는 밤갈색이다. 고라니의 털은 한 가닥 한 가닥이 같은 색을 띠지 않는다. 또 같은 가닥도 회백색, 흑갈색, 적갈색 순으로 여러 색을 띤다. 이 모든 색들이 조화를 이루어 고라니의 전체적인 털색을 나타낸다. 고라니의 몸통 털색은 위쪽부터 회백색, 흑갈색, 연한 적갈색 순서로 나타난다. 가슴에서 배, 뒷다리 안쪽은 황백색이고, 어깨와 다리 및 꼬리는 밤갈색이다.

고라니의 꼬리와 등, 다리 부분의 털은 몸의 위쪽보다 가늘고 부드럽다. 어린 고라니는 몸에 세로로 줄을 지어 흰 점이 있고, 몸 뒤쪽 허

그림 1-11. 고라니 털의 형태 (구례, 2012)

리에는 점이 더 많다.그림 1-12 디즈니 애니메이션에 나오는 아기 사슴 밤비처럼 귀여운 모습이다. 노루의 새끼도 이와 비슷하여 새끼 때 둘을 구별하기는 어렵다. 태어나 2개월이 지나면 흰 점이 옅어지기 시작하면서 점차 무늬도 사라진다. 이는 고라니가 자라면서 배내털이 빠지며 나타나는 현상이다.

포유동물은 대부분 내부의 부드러운 속 털과 외부의 거친 겉 털이라는 이중 구조를 가지고 있다. 털 하나를 자세히 살펴보면 세 개의 층으로 구성되어 있다. 털 중심부의 핵심인 수질과 수질 바깥쪽의 피질, 맨 바깥쪽의 큐티클 층이다.

반면 고라니는 이와 좀 다르다. 일단 속 털이 없고 대신 여름털과

그림 1-12. 고라니 새끼의 외부 형태(구례, 2012)

겨울털이 다르게 난다. 여름털은 바늘같이 곧고 짧으며 듬성듬성 나고, 겨울털은 물결 모양의 긴 털로 빽빽하게 난다. 보통 4~5월이 되면 고라니는 여름털로 새롭게 털갈이를 한다. 이 계절이 되면 고라니는 몸 군데군데 털이 빠져 있거나 털이 엉겨 붙어 지저분하게 보이기도 한다. 하지만 털갈이가 끝나면 다시 윤기 있고 매끄러운 털을 자랑한다. 그러다 가을이 되면 다시 겨울털로 털갈이를 한다. 계절에 맞게 털을 바꾸면서 더운 여름과 추운 겨울에 잘 적응할 수 있는 것이다.

이런 계절별 털갈이 행동은 다른 동물과 크게 다르지 않다. 그러나 고라니는 특이하게도 체온을 유지하기 위해 필요한 속 털이 없다. 고라니는 엉성하고 억센 겉 털만으로 어떻게 추운 겨울철에 체온을 유지할 수 있을까? 고라니가 속 털 없이 겨울을 나는 비밀은 털의 미세 구조 연구를 통해 확인되었다.그림 1-13 고라니의 털은 안쪽이 마치 빈 공간처럼 되어 있다. 고라니는 이 공간에 공기를 넣어 털을 부풀리고

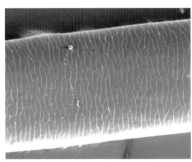

©이뚜껑

그림 1-13. 고라니 털의 외부와 내부 미세구조(2003)

줄이면서 체온을 유지한다. 여름은 몹시 덥고 겨울은 매우 추운 온대 지역에서 오래 살아온 고라니이기에 이런 구조를 갖추게 된 게 아닐까? 오랜 진화의 산물인 공기층 털을 갖추었기에 고라니는 오늘날까지 한국과 중국에 살아남게 되었을 것이다.그림 1-14

잘 모르는 사람들은 고라니를 종종 노루라고 착각하기도 한다. 실제로 야외에서 고라니와 노루를 한눈에 구별하기는 쉽지 않다. 수컷 노루라면 뿔이 있으니 구별하기 쉽지만, 암컷이라면 이야기가 달라진다. 특히 새끼들은 고라니나 노루가 서로 비슷하게 세로로 하얀 점들이 있어서 구별이 더욱 어렵다.

이럴 때 고라니와 노루를 조금 쉽게 구별할 수 있는 방법이 있다.

그림 1-14. 고라니의 털에는 공기층이 있어 추운 겨울을 잘 견딜 수 있다.(안산, 2006)

그림 1-15. 고라니는 5~10cm의 작은 꼬리가 있다.(국립생태원, 2015)

그림 1-16. 노루는 꼬리가 매우 짧고 엉덩이에 흰 무늬가 있다.(국립생태원, 2015)

바로 뒤쪽에서 보는 것이다. 고라니는 5~10cm의 작은 꼬리가 있는 반면,그림 1-15 노루 꼬리는 눈으로 알아보기 힘들 만큼 짧기 때문이다. 또한 노루는 엉덩이에 흰 무늬가 선명하게 보인다. 특히 암컷의 경우 더욱 선명하게 보이는데, 고라니는 노루와 달리 엉덩이에 흰 무늬가 없다.그림 1-16 사람들이 먹는 버섯 중에 '노루궁뎅이'란 이름의 버섯이 있다. 하얀 버섯 주변에 털이 나 있는 모습이 노루 궁둥이를 꼭 닮아 얻은 이름이다.

야외에서 작은 사슴처럼 생긴 동물이 뛰어간다면, 뒷모습의 꼬리와 엉덩이에서 노루인지 고라니인지 분간할 수 있을 것이다. 하지만 순간적으로 빠른 속도로 달아나는 노루나 고라니를 구별하기란 역시 쉬운 일은 아닐 것 같다.

2

고라니
마주 보기

© 김연수

고라니도
헤엄을 칠까요?

물을 좋아하는 고라니

영어로 고라니의 이름은 'Water Deer', 즉 '물사슴'이다. 그만큼 고라니는 물을 좋아하고 또 의외로 수영을 잘하는 동물이다. 호수나 하천과 같은 물에서도 이동에 제약을 받지 않는다.그림 2-1

2011년 바다를 건너는 고라니가 뉴스에 나온 일이 있다. 속초에서 육지로부터 약 300m 떨어진 곳에 있는 무인도 조도에 고라니 한 마리가 살고 있다는 사실이 알려졌고, 그 고라니를 구조하는 장면이 언론에 보도된 것이다.

조도에 사는 고라니는 구조 과정에서 바다로 헤엄쳐 도망을 갔다고 한다. 이후 전문 인력이 장비를 갖추고 고라니를 포획하여 육지로 옮겨 주는 것으로 구조는 잘 마무리되었다. 하지만 처음에 이 고라니

그림 2-1. 헤엄치고 있는 고라니(안산, 2011)

가 헤엄을 쳐서 바다로 도망갈 것이라 생각하고 대비한 사람은 없었던 것 같다. 아마 고라니가 수영을 아주 잘한다는 사실을 당시 구조 대원들이 미처 알지 못했던 모양이다. 하지만 고라니는 헤엄에 능하다. 서해안고속도로 휴게소가 있는 행담도에도 고라니가 살고 있는 것으로 확인됐다. 이 지역은 경관적으로 볼 때 도로를 따라 들어가기 어려운 곳이다. 따라서 이 섬에 살고 있는 고라니는 가까운 육지에서 바다를 헤엄쳐 들어간 것으로 보인다. 장항 습지 같은 한강 인근의 고립된 습지에서도 고라니가 강을 건너는 장면을 보았다는 사람들의 목격담이 종종 들린다.

하지만 이렇게 물을 좋아하고 수영을 잘하는 특성 때문에 가끔은 고라니에게 비극이 발생하기도 한다. 고라니를 연구하다 보면 물가 주변에 고기를 잡기 위해 설치해 놓은 어망에 걸려 죽은 고라니를 간혹 발견하게 된다. 아마 헤엄을 치다가 그물을 못 보고 걸려서 목숨을 잃은 것이리라. 그럴 때에는 애초 고라니가 수영을 못했다면 이런 비극은 없었을 것 같다는 생각을 하기도 한다.

고라니는 한반도 전역에 많은 수가 넓게 분포한다. 하지만 아직 고라니의 행동과 생태에 대한 연구는 충분하지 않다. 고라니에게 관심을 가진 연구 인력이 많지 않고 예산이나 각종 지원도 무척 부족하다. 또한 야생동물인 고라니를 직접 관찰하는 데에도 애로가 많다.

따라서 고라니의 생태를 연구할 때에는 발자국, 분변, 먹이를 먹은 흔적, 보금자리 등 고라니가 남긴 흔적을 조사하는 방식을 많이 이용한다. 지금까지 밝혀진 고라니의 행동 특성도 대부분 이렇게 간접적인 조사 방법을 활용한 연구 결과가 많았다.

최근에는 고라니 연구 방법도 조금씩 다양해지고 있다. 행동권을 분석하는 데에도 다양한 방법을 활용하고 있는데, 현장에서 많이 활용되는 것으로 무인 센서 카메라 조사 방법을 들 수 있다. 동물의 이동 통로에 무인 카메라를 설치하여 촬영된 사진이나 동영상을 분석하여 행동 특성을 연구하는 것이다.

또한 동물에게 직접 추적 장치를 부착하여 행동 특성을 연구하는 방법도 이용되고 있다. 추적 장치에 저장된 데이터를 지리정보시스템*GIS 프로그램을 활용하여 분석하면 행동 특성에 대한 많은 정보를 얻을 수 있다.

한국고라니의 행동에 관한 연구는 몇몇 연구자에 의해 수행되었지만, 앞에서도 이야기했듯이 아직 충분하지 않다. 추적 장치를 부착하는 방법을 이용해 제대로 된 결과를 얻기 위해서는 더 많은 고라니를 대상으로 장기간 연구를 진행해야 하는 상황이다. 따라서 지금까지의 연구 결과는 평균적이거나 일반적인 고라니의 생태라고 결론을 내리기에 조금 이른 단계에 있다고 할 수 있다.

동물의 행동 특성에 관해 연구를 하면 그 동물의 행동권, 세력권, 이동 거리, 서식 환경 분석 등의 정보를 알게 된다. '행동권'이란 동물이 먹이를 먹는 장소와 잠자리 및 짝짓기 장소, 새끼들을 돌보는 장소 등을 모두 포함한다. 갑작스럽게 포식자로부터 공격을 받았을 때 피할 수 있는 피난처, 월동을 위한 장소 등 동물의 생활에 필요한 포괄적인 서식 영역도 행동권에 들어간다. 이에 비해 '세력권'이란 동물이 생활하는 데 필요한 공간을 다른 개체와 같이 공유하지 않고 자신만이 독점적으로 이용하는 독자적인 영역을 의미한다.

최근 네 마리의 고라니를 대상으로 발신기를 부착하여 연구한 결과, 고라니는 평균적으로 2.77km²의 면적을 행동권으로 이용하는 것으로 나타났다.그림 2-2 이것은 생각보다 그리 넓지 않은 범위이다. 이

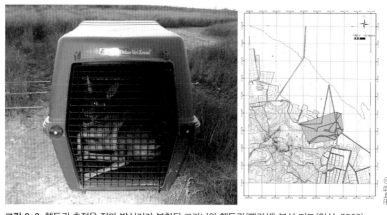

그림 2-2. 행동권 추적용 전파 발신기가 부착된 고라니와 행동권(빨간색) 분석 지도(안산, 2009)

중에서 고라니가 주로 이용하는 핵심 지역의 면적은 $0.34km^2$로 분석됐다. 수컷이 암컷에 비해 조금 더 큰 면적을 이용했다.

또한 낮에는 $1.90km^2$, 밤에는 $2.43km^2$의 면적을 이용하는 것으로 분석되어, 고라니가 밤에 더 넓은 지역에서 활동하는 것을 알 수 있다. 다른 연구에서도 낮의 경우 $0.24km^2$, 밤의 경우 $0.26km^2$의 행동권 크기를 보였다.

고라니는 계절에 따라 행동권의 크기가 달라진다. 여름에는 봄과 가을보다 넓은 면적에서 활동하는 것으로 나타나기 때문이다. 중국 고라니의 경우 연간 행동권 크기는 $0.21km^2$이고 계절적인 활동 범위는 $0.18{\sim}0.46km^2$였다. 이 가운데 먹이 활동과 휴식을 위하여 이용하는 핵심 지역은 $0.05km^2$로 분석됐다.

고라니의 행동권이 예상보다 상당히 작다는 것은 어떤 의미일까? 이는 이들이 살아가는 서식지의 환경요인이 생존에 매우 중요한 요소로 작용한다는 뜻이다. 멀리 이동하지 않고 좁은 영역에서 살아가기 때문에, 그 서식지의 환경 변화가 고라니의 생존에 큰 영향을 끼칠 수밖에 없는 것이다.

또한 이는 서식지의 환경적 특성과 먹이 자원 등의 차이에 따라 고라니의 행동권이 다르게 나타날 수도 있음을 의미한다. 일반적으로 포유동물은 대부분 사람을 피해 밤에 활동하는 것으로 알려져 있다. 고라니도 마찬가지이며, 주로 저녁 6시에서 오전 6시까지 활발하게 활동한다. 특히 새벽 3~4시 사이에 가장 활동성이 높다. 하지만 고라니는 야간에만 활동하는 것이 아니고 낮에도 휴식을 취하다 먹이를 먹기 위해 간헐적으로 활동한다.

고라니는 일반적으로 1km 이내의 지역에 머무르는 정주성 동물, 즉 비교적 이동성이 적어 자신의 서식지를 벗어나지 않는 동물이라고 알려져 있다. 하지만 기록에 15km까지 이동한 고라니의 사례도 보고된 바 있다.

앞에서 보았던 행담도나 조도의 고라니들은 조금은 특별한 고라니일지도 모른다. 그 전에 서식했던 환경이 그만큼 열악했거나 아니면 그 고라니가 아주 엉뚱하고 모험심이 많았을 수도 있다. 그 고라니들은 왜 바다를 건너가 섬에서 살게 된 것일까?

고라니는 언제
새끼를 낳을까요?

고라니의 짝짓기와 출산

짝짓기를 하는 시기와 새끼를 낳는 방법은 동물마다 다르지만 일반
적으로 많은 종의 동물들이 해마다 짝짓기를 하고 새끼를 낳는다. 고
라니 역시 매년 번식하는 것으로 알려져 있다. 번식할 때 수컷 고라
니와 암컷 고라니는 어떤 특징을 보일까?

영국에서 나온 연구 결과에 따르면 고라니의 주요 발정기는 11월
에서 1월 사이이지만, 길게는 2월까지 지속된다고도 한다. 발정기 동
안 수컷 고라니는 자신의 세력권 안에 있는 암컷 주변을 지키며 암컷
의 발정 상태를 주기적으로 점검한다. 어떤 경우엔 암컷이 세력권 밖
으로 벗어나는 것을 막기도 하는 것으로 알려져 있다. 즉 자신의 영
역을 관리하는 셈이다.

발정기가 되면 수컷 고라니는 암컷에게 다가가 어깨 아래로 목을 낮추고 머리를 흔들며 귀로 찰싹거리는 소리를 내기도 한다. 중국에서 수행한 연구에서 발정기 때 암컷이 무리 지어 살아가는 지역에 수컷이 자신의 세력권을 만드는 모습이 관찰되기도 했다.

고라니는 수컷 한 마리가 한 마리 이상의 암컷에게 구애하고 반복적으로 교미하는 일부다처제polygamy 형태의 짝짓기를 행한다. 교미는 몇 초간 지속되는데 주로 12월에서 1월 사이에 이루어진다.그림 2-3 암컷 고라니는 태어난 첫 해부터 임신할 수 있지만, 2년생 암컷이 임신하지 않는 사례도 관찰된다. 어린 수컷 고라니 역시 첫 해부터 성적인 성숙에 도달하지만, 경쟁이 심한 지역에서는 구애 행동만 보일 뿐 번식에 참여하지 못하는 사례도 있다.

영국에 살고 있는 고라니의 경우 많은 수컷이 두 살이 되어서도 세력권을 확보하지 못하며, 일부 수컷은 세력권을 영원히 확보하지 못하여 번식에서 제외되기도 한다. 대신 고라니의 밀도가 낮은 경우에는 생후 1년부터 세력권을 확보하여 번식에 성공하는 일도 있다.

고라니는 사슴과 동물 중에서 새끼를 가장 많이 낳는 다산종이다.그림 2-4 일반적으로 3~4마리를 낳는 것으로 알려져 있다. 그러나 중국에서는 한 번에 7마리의 새끼를 낳는 사례가 관찰되기도 했다. 고라니가 이렇게 다산을 하는 것은 서식 환경이 불안정하기 때문이라고 할 수 있다. 산지와 평지의 접경지대는 먹이가 풍부한 반면, 물

그림 2-3. 고라니의 짝짓기 행동(서산, 2006)

그림 2-4. 태어난 지 얼마 되지 않은 한 배의 새끼 고라니들(안산, 2005)

에 의한 침수나 범람의 가능성도 높다. 이렇게 환경이 불안정한 습지나 하천변에 서식해 온 고라니는 오랜 진화의 결과 한 배의 새끼를 많이 낳게 된 것으로 보인다. 새끼의 성비는 암컷과 수컷이 거의 비슷하다. 새로 태어난 고라니는 체중이 0.7~1kg이고, 3개월 정도 어미의 젖을 먹는다.

　보통 고라니는 4월에서 7월 초에 새끼를 낳는데, 5월에 새끼를 낳는 경우가 가장 많다고 한다. 9월에서 10월 사이 경작지 주변에서 아직 어른이 되지 못한 고라니들을 단독으로 또는 소그룹으로 종종 볼 수 있다. 이 아성체 고라니들은 이후 자신의 세력권을 찾아 서식지를 옮기게 된다.

고라니가 이렇게 새끼를 많이 낳도록 진화한 것은 서식 환경 탓이라고 했다. 하지만 오늘날의 한국에서는 그런 진화의 결과가 그렇게 달갑지 않은 현실이 되어 버렸는지도 모른다. 주변에서 너무 쉽게 볼 수 있는 탓인지 고라니를 귀하게 여기는 사람이 거의 없기 때문이다. 외국에서 고라니가 멸종 위기에 처해 있으며 보호를 받는 동물이라고 말해도 믿지 않는 사람이 많은 상황이다.

그래서인지 고라니의 짝짓기나 출산 등에 대해서도 우리나라 사람들은 거의 관심이 없다. 고라니가 흔하다 해도 그 흔한 고라니가 언제 짝을 짓는지, 언제 새끼를 낳는지 알고 있는 사람이 얼마나 있을까?

고라니는 분명 야생동물로 우리 주변에서 지금 이 시간에도 살아가고 있다. 태어나 자라고 짝을 짓고 새끼를 낳고 사는 것이다. 엄연히 사람들과 같은 땅에서 더불어 살아가는 중이다. 그리고 우리는 우리와 더불어 살아가는 동물 이웃에 대해 조금은 더 관심을 가져야 할 것 같다. 그것이 사람이 자연에 대해 보여야 할 최소한의 예의라고 생각되기 때문이다.

아기 고라니의 홀로서기

어미 고라니는 보통 풀숲이나 갈대밭, 억새밭 등에서 새끼를 낳는다. 출산한 새끼를 다른 동물의 눈에 덜 띄도록 하려는 그들만의 선택이다. 고라니는 독특하게도, 새끼들을 안전하게 보호하기 위해 한 장소에서 무리 지어 기르기보다는 일정 거리를 두고 한 마리씩 독립적으로 기른다. 한 배에 난 여러 마리의 새끼들을 서로 떨어뜨려 놓고 키우는 것이다. 역시 외부에 노출되는 위험을 최소화하기 위해서이다.

　고라니의 이런 특성을 알지 못하는 사람들이 가끔씩 어처구니없는 일을 저지르게 된다. 고라니가 태어나는 봄철 특히 5월 말에서 6월 초가 되면 어미 잃은 새끼 고라니가 고립되어 있으니 구조해 달라는 신고가 동물 구조 센터에 자주 들어온다고 한다. 하지만 알고 보면

이는 대부분 어미 고라니가 새끼를 보호하기 위해 의도적으로 따로 그곳에 숨겨 둔 경우이다. 하지만 사람들은 새끼 고라니가 혼자 있으니 어미를 잃었다고 오해한 것이다. 더 적극적인 사람들은 새끼 고라니를 직접 구조해 구조 센터에 데리고 오는 경우까지 있다.

하지만 이는 절대로 하지 말아야 할 행동이다. 새끼 고라니 주변에는 반드시라고 해도 될 만큼 어미 고라니가 있다.그림 2-5 어미는 새끼가 자기를 따라 활발히 활동할 수 있을 때까지 새끼를 숨겨 두고 주변에서 먹이 활동을 한다. 그리고 하루에도 몇 번씩 새끼를 찾아와 젖을 먹인다.

어미 고라니가 새끼 곁이 아니라 주변의 다른 지역에 주로 머무는 것은 천적으로부터 새끼를 보호하기 위한 본능이다. 고라니는 예민한 야생동물이며, 특히 새끼는 더 예민하고 연약하다. 이런 생태를 알지 못하고 새끼 고라니를 어미에게서 떼어 데려오면 새끼를 살리기가 결코 쉽지 않다. 사람들이 데리고 오는 과정에서 새끼 고라니는 이미 탈진하거나 극도로 스트레스를 받기 때문이다. 사람들의 무지한 선의가 고라니에게 해를 준 대표적인 사례이다.

갓 태어난 새끼는 출산 후 한 시간 정도면 홀로 일어서기가 가능하고 태어난 날 100m 이상 이동할 수 있다고 한다. 새끼들은 대부분 풀숲 혹은 갈대밭, 억새밭 속에 엎드려 대부분의 시간을 보낸다. 거의 대부분 한 마리씩 떨어져 있지만 가끔은 2~3마리가 모여 있기도 한

그림 2-5. 어미 고라니와 새끼 고라니(안산, 2013)

다. 첫 달이 지나면 숨어 지내는 시간이 줄어들고 어느 정도 노출된 지역에 나오기도 한다. 3개월 정도 지나 젖을 떼지만 출산 후 며칠 지나면 은신처 주변에서 풀을 뜯기도 한다. 9~10월에는 경작지 주변에서 독립하기 위해 이주를 시도하는 단독 혹은 작은 그룹의 아성체들을 관찰할 수 있다.

인간의 평균 수명을 최대 100세, 고라니의 평균 수명을 10세라 가정하자. 인간은 보통 30세 전후에 새롭게 분가하여 가정을 꾸리지만, 고라니는 1세 전에 홀로서기를 하는 셈이다. 인간의 나이로 환산하면 10세에 홀로 세상에 나오는 것이다. 만약 사람이 그 나이에 부모의 도움 없이 험한 세상을 살아야 한다면 과연 살아남을 수 있을까?

고라니는
뭘 먹고 살까요?

고라니는 채식주의자

고라니는 초식, 즉 풀을 먹고 사는 동물이다.그림 2-6 먹이를 먹은 후에는 휴식을 취한다. 지금까지의 연구 결과에 의하면, 고라니가 하루 활동 시간 중 먹이를 먹기 위하여 쓰는 시간은 50%가 조금 넘는 것으로 나타났다. 무척이나 긴 시간 동안 먹이를 먹는 것이다.

먹이 활동 다음으로 오래 하는 활동이 휴식이다. 고라니는 휴식을 취하는 동안은 되새김질 행동을 지속한다. 우리가 잘 알다시피 되새김질을 하는 동물을 반추동물이라고 부른다.

우제목 중 일부 동물이 반추동물이다. 반추동물의 위는 다른 동물과 다른 구조로 되어 있다. 우리 주변에서 가장 쉽게 볼 수 있는 반추동물로는 소가 있다. 소 역시 고라니처럼 대부분의 시간을 먹고 되새

그림 2-6. 먹이를 찾고 있는 고라니(안산, 2010)

김질하고 휴식을 취하며 보낸다.

반추동물의 위는 4개의 부위로 나뉘어 있다. 조금 더 자세히 살펴 보면, 제1위에는 먹은 식물들이 모인다. 전체 위에 담을 수 있는 먹이량에서 제1위에 모이는 먹이의 양은 60~80% 정도를 차지한다. 반추동물은 제1위에 모인 식물을 토해서 40~60회 정도 씹은 후 다시 삼킨다. 하루 종일 몇 번이고 이런 동작을 되풀이한다.

제2위는 수축과 이완 운동을 통해 먹은 식물의 이동을 돕는다. 이곳에는 다양한 미생물이 살고 있어 식물을 분해하고 발효시킨다. 이렇게 분해되고 발효된 식물은 다음 제3위를 거쳐 제4위로 이동한다.

제4위는 다른 동물의 위와 같은 기능을 한다. 위산, 펩신 등의 소화 효소가 분비되고 소화되기 때문에 제4위를 진위라고도 한다.

고라니가 어떤 종류의 식물을 즐겨 먹는지에 관한 연구는 그리 많지 않다. 밤에 주로 활동하는 고라니를 대상으로 어떤 먹이를 먹는지, 얼마나 많이 먹는지 조사하기란 쉽지 않다. 특히 우리나라는 산악 지형이 많아 고라니를 직접 관찰하기가 더욱 어렵다.

따라서 고라니의 먹이를 연구할 때도 주로 고라니의 흔적을 이용하게 된다. 하지만 직접 관찰과 간접 조사만으로는 고라니가 어떤 먹이를 먹고 좋아하는지 파악하기가 매우 어렵다. 또한 야외 조사 시 식물의 종류를 확인하기가 어려울 때도 많다. 이럴 경우 먹이 자원 연구를 하려면 고라니의 위 속 내용물이나 분변을 활용하여 분석을 하는 수밖에 없다.

지금까지의 연구 결과에 따르면 고라니는 풀을 뜯어먹는 행동과 잔가지 및 나뭇잎을 먹는 행동이 66:34의 비율로 나타난다고 한다. 식물의 줄기보다는 잎을 선호하며 직경 2mm 이하인 어린 가지도 먹는 것으로 나타났다.

최근 고라니가 살던 서식지가 파괴되고 단절되는 경우가 늘어나면서, 고라니가 서식지를 가로지르는 도로에서 사고로 죽는 일이 많아졌다. 사고로 죽은 고라니의 위 속 내용물은 먹이식물 연구를 위한 귀중한 자원이 되어준다. 위 속 내용물의 경우 먹은 식물이 아직

소화되지 않은 채 파편으로 남아 있고, 이러한 파편은 현미경을 통해 육안으로 확인할 수 있다. 하지만 이미 소화되어 형태를 알아볼 수 없는 식물도 있다.

현장 조사를 통해 수거한 고라니의 분변을 분석하여 먹이 자원을 확인하는 방법도 있다.그림 2-7 고라니의 분변은 산양이나 노루 분변과 비슷하지만, 분변의 크기와 모양에서 차이가 있어 구별이 가능하다.

분변은 먹이의 종류, 시기, 계절, 건강 상태 등 다양한 변수에 따라 달라질 수 있다. 일반적으로 분변은 작은 콩 모양으로 생겼고 검은색과 암갈색으로 나타난다. 분변의 크기는 대개 길이 10~15mm, 폭 10~15mm이다. 대부분의 분변은 알갱이 형태이지만, 수분이 많은 먹이와 여름철 비에 젖은 먹이를 섭취한 경우엔 뭉친 형태로 나타나는 경우도 있다. 고라니 몸속에서 소화가 덜 되고 분변으로 나온 먹이의 종류를 현미경을 통해 확인하게 되는 경우도 있다.

그러나 이런 연구를 하기 위해서는 많은 시간과 비용, 인력이 필요하다. 최근엔 초식동물의 배설물에 포함된 식물 파편을 종 단위로 분석할 수 있는 미세 조직 염색 기법*microhistological analysis도 활용된다. 그러나 이 방법을 쓰려면 다양한 먹이식물의 조직 형태에 대한 참고 자료가 필요하므로 별도의 기초 조사와 분석이 수행되어야 한다.

고라니의 생태에 대한 국내의 연구를 살펴보면 우리나라 고라니는 현재까지 60여 종 이상의 식물을 먹는 것으로 조사됐다. 고라니가 선

그림 2-7. 야외 조사에서 확인된 알갱이 형태의 고라니 분변(위)(전주, 2013)과 뭉친 형태의 분변(아래)
(서산, 2013)

호하는 먹이식물은 국화과와 장미과의 비율이 가장 높았다. 다음으로 백합과와 벼과, 미나리아재비과, 산형과, 콩과 등의 식물을 좋아했다. 이 7개 식물과가 전체 먹이식물에서 차지하는 비율이 50% 이상으로 나타났다.

고라니는 먹이가 부족한 겨울철에는 목본류의 잔가지와 나무 열매를 먹는 것으로 나타났다.그림 2-8 경작지 주변에 서식하는 고라니의 경우 배추, 고구마, 아욱, 벼, 보리, 옥수수, 고추 등의 새순을 먹어 농작물에 피해를 끼치는 것으로 확인된다.

식물 형태에 따른 선호도는 초본이 74.2%로 가장 높았고 활엽수는 25.8%였다. 초본 중에도 사초류같이 잎이 좁은 형태를 띠는 풀보다는 잎이 넓은 풀을 더 좋아하는 것으로 확인됐다.

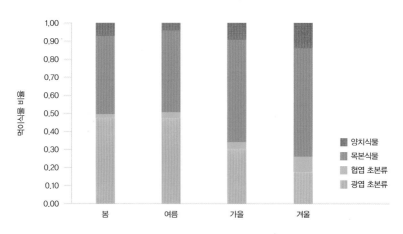

그림 2-8. 저우산 군도 내 고라니의 계절별 먹이식물 조성. 초본이 부족한 가을과 겨울철에는 목본류의 섭취량이 증가한다.

중국고라니에 대한 연구 결과, 120여 종의 식물을 먹이원으로 이용하는 것으로 나타났다. 이 중 국화과, 콩과, 꿀풀과, 십자화과, 참나무과, 진달래과, 조록나무과, 장미과 등 8개의 주요한 과에 속하는 식물이 45%를 차지했다. 다양한 식물종 중 24%가 초본류 식물, 59%는 약용식물, 17%는 목본류 식물을 먹은 것으로 조사됐다. 농작물의 경우 과실류는 거의 먹지 않으며 완두, 감자, 땅콩, 고구마를 좋아하는 것으로 분석되었다. 결론적으로 볼 때 먹이식물은 한국고라니와 중국고라니가 큰 차이를 보이지 않았고, 대신 서식지 환경에 따라 조금씩 다른 양상을 보이는 것으로 판단된다.

© 김연수

3

고라니 연구
들여다보기

한국에 있는 고라니의 개체 수

야생동물은 특정 지역에 얼마나 많은 개체들이 살고 있는지 파악하기가 쉽지 않다. 특히 포유류는 행동 특성상 인간의 접근을 경계하기 때문에 연구하기가 더욱 어렵다. 한반도의 지형적인 특성이 야생동물을 직접 관찰하는 데에 불리하기도 하다.

이러한 이유들로 고라니의 개체 수를 파악하기는 매우 어려운 일이다. 일반적으로 고라니가 살고 있는 지역의 서식 환경에 따라 즉 어떤 식물들이 있는지, 물이 있는지, 사람의 활동이 많은지 등 다양한 변수에 따라 고라니의 개체 수가 달라진다. 현재 중국에는 일부 제한된 지역에 1만여 마리의 고라니가 살고 있다고 한다. 하지만 너무 개체 수가 적어 보호종으로 보호 받고 있는 실정이다. 이에 반해 한반도에는 일부 지역을 제외한 거의 모든 지역에 고라니가 살고 있지만, 그 수를 가늠하기가 쉽지 않다. 정확한 통계 수치는 없지만 한반도에는 중국보다 많은 고라니가 살고 있을 것으로 추정하고 있다.

최근의 연구 자료를 살펴보면 고라니의 서식 면적당 개체군 크기를 알 수 있다. 특히 한국, 중국, 영국에서 발표된 자료를 비교해 보면 지역별 고라니의 밀도도 알 수 있다.

고라니가 살고 있는 서식지의 환경 조건에 따라 개체군 크기는 다양하다. 중국의 경우 고라니 개체군 크기는 $1km^2$당 3~90마리까지 변화의 폭이 크다. 영국의 몇몇 지역에 $1km^2$당 10~25마리가 서식하고 있는 것으로 나타났다. 물론 예외적인 경우도 있다. 어떤 곳은 $1km^2$당 240여 마리의 고라니가 살고 있는 반면, 2마리도 채 발견되지 않는 지역도 존재한다. 이렇게 극단적인 밀도의 차이는 아마도 서식지의 환경이 이상적이지 않음을 의미할 것이다.

한국에서는 평지 지역, 산악 지역, 도시 지역을 대상으로 고라니의 밀도 연구가 이루어졌다. 그 결과 해발 300m 이하의 평지 지역에서는 $1km^2$당 6.93마리 정도의 고라니가 사는 것으로 확인됐다. 반면 300m 이상의 산악 지역에서는 약 1.91마리, 도시지역에서는 1.27마리 정도가 살고 있는 것으로 분석됐다. 한반도 전역을 대상으로 한 2011년 정부의 조사에 의하면 고라니의 서식 밀도는 $1km^2$당 7.3마리로 파악되었다. 과거 1982년도 고라니의 서식 밀도는 $1km^2$당 1.8

마리였으니, 지속적으로 고라니의 개체 수가 증가하고 있는 것이다.

지역별로는 개체 수의 편차가 크게 나타났는데 전라남도가 1km²당 3.9마리로 가장 낮게 조사됐다. 이에 반해 충청남도가 1km²당 10.1마리로 가장 높게 나타났다. 산악과 평지에서 밀도 차이는 나타나지 않았다. 서식 밀도를 평가하는 연구는 앞으로 보다 정밀하게 진행되어야 할 것이다. 전국을 대상으로 서식 환경과 개체 밀도에 대한 관계를 분석해야 할 것으로 생각된다.

과거에 존재하던 중·대형 포식 동물이 사라지면서 고라니의 수는 증가해 왔다. 하지만 산림 생태계의 수목 피도가 높아짐에 따라 고라니가 선호하는 초지대의 서식 조건이 악화되고 있다. 서식 환경의 변화뿐만 아니라 합법적 수렵과 불법적 밀렵으로 인한 피해가 점점 커지고 있다. 더불어 개발로 인한 서식지 소실과 파괴, 로드킬 증가로 죽음을 맞는 고라니도 적지 않다.

이런 상황은 고라니가 개체군을 안정적으로 유지하는 데 부정적인 영향을 줄 것으로 전망된다. 그럼에도 고라니 개체군에 대한 합리적인 조사와 연구를 통한 보전과 관리 방안은 아직 마련되어 있지 않다. 한반도에 고라니가 너무 흔하다고 인식되고 있기 때문일 것이다. 많은 한국 사람들에게 고라니는 농작물 피해를 유발하는 해로운 동물일 뿐, 보호해야 하는 대상이 아니다. 오히려 지역에 따라 고라니를 집중적으로 포획해 개체 밀도를 조절하는 상황이 아닌가.

그림 3-1. 물가에서 먹이를 찾는 두루미 가족과 고라니(철원, 2015)

　문제는 이런 고라니 수의 '조절'이 고라니 개체군의 생태에 대한 과학적 정보가 부족한 상황에서 정확한 근거 없이 진행되고 있다는 점이다. 실제로도 이렇게 포획된 고라니의 개체 수를 정확하게 파악할 수 있는 제도적 장치는 없다. 행동 반경이 작고 저지대를 선호하는 까닭에 다른 종에 비해 포획하기가 비교적 쉬운 고라니를 명확한 관리 방안 없이 계속 포획한다면 지역적 절멸에 이를 수도 있다. 인간과 동물이 공존하기 위한 관리 방안의 수립이 시급한 시점이다. 더불어 생명 사랑에 대한 인식이 바뀌지 않는 한 한반도에 서식하는 고라니의 앞날은 그리 밝지만은 않아 보인다.

최근 중국 상하이에서는 국제적 멸종 위기종인 고라니를 복원하기 위해 많은 노력들이 진행 중이다. 중국 정부는 고라니를 생태 관광 ecotourism 대상으로 지정, 상하이의 도시 지역을 포함해 여러 지역에서 복원 작업을 수행하고 있다. 상하이에는 백 년 전까지만 해도 많은 수의 고라니가 서식하고 있었다. 그러나 농장이 늘어나고 서식지가 파괴되면서 고라니가 자취를 감춘 것이다.

복원 작업이 진행 중이던 2013년 상하이에는 227마리의 고라니가 새롭게 살아가고 있는 것으로 보고된 바 있다. 한국에 서식하는 고라니 역시 생태 관광의 대상으로 고려할 필요가 있지 않을까? 다만 한국의 경우 개체 수가 많은 고라니를 보전 대상과 더불어 관리 대상으로 볼 가능성도 열어 두어야 한다. 그렇게 하려면 정부의 관심, 전문가들의 지혜와 더불어 지역 주민들의 이해가 절실히 필요하다. 이러한 노력은 고라니, 아니 고라니를 포함한 많은 한국의 야생동물과 인간이 공존하기 위한 첫걸음이 될 것이다.

한국고라니와 중국고라니는
혈통이 다른가요?

고라니의 유전적 특성

사람은 사는 지역과 피부색이 달라도 모두 똑같은 하나의 종이다. 고라니 역시 하나의 종이지만 한국고라니와 중국고라니 두 개의 아종이 존재한다. 그러나 이 둘은 사는 지역과 털색을 제외하고는 다른 형태적인 차이가 없기 때문에 분류학적으로 논쟁거리를 던져 준다.

최신의 분자유전학적 기술은 형태 분석만으로는 풀기 어려운 문제들을 풀어내곤 한다. 최근에 발표된 연구에 따르면 아시아 16개 지역에 살고 있는 남성들의 Y염색체를 분석한 결과 단일 부계 조상을 가진 것으로 판단되는 하나의 유전자형이 중국 동북부, 몽골, 우즈베키스탄 같은 중앙아시아, 아프가니스탄에 이르는 광활한 영역에 걸쳐 있다고 한다. 이 유전자형은 이들 지역에 사는 전체 남성 중 약 8%에 달하는 것으로 나타났는데, 이 유전자형의 시조는 다름 아닌 1162년에 태어난 칭기즈칸으로 판명되었다.

분자 계통 유전학적 연구*molecular phylogenetics는 이처럼 민족의 기원뿐만 아니라 야생동물 혈통*의 기원을 찾는 데에도 요긴하게 이용된다. 한 분자 계통 유전학적 연구에 따르면, 한국과 중국에 서식하는 고라니 아종을 대상으로 미토콘드리아*의 조절 부위control region(D-loop region)와 시토크롬 *b* 유전자*cytochrome *b* gene 염기 서열을 비교한 결과, 두 아종 간에 큰 차이는 없어 하나의 종으로 보는 것이 타당하다고 나타났다. 즉 한국고라니와 중국고라니는 서로 다른 아종이 아닌 한 아종으로 보는 것이 적합하다는 이야기이다. 털색의 차이로 두 아종을 구분했던 기존의 연구와는 다른 결과라고 할 수 있다.

더 자세히 살펴보면, 한국고라니 아종은 두 개의 혈통lineage이 존재하지만 중국 아종은 이 중 한 개혈통 B가 없는 것으로 나타났다.그림 3-2 '왜 고라니는 두 개의 혈통으로 나뉘었는가?'라는 질문에 대한 해답은 2014년 미토콘드리아 조절 부위822bp 염기 서열을 분석한 연구에서 나왔다. 과거 한반도와 중국*이 서로 연결되어 있던 시절, 두 지역의 고라니들이 하나의 개체군으로 존재하다가 빙하기가 시작되는 신생대 홍적세 초기210만~130만 년 전에 혈통 A와 혈통 B로 나뉘게 됐다는 것이다.

그럼 왜 혈통 A가 한반도와 중국에 모두 존재하는 반면 혈통 B는

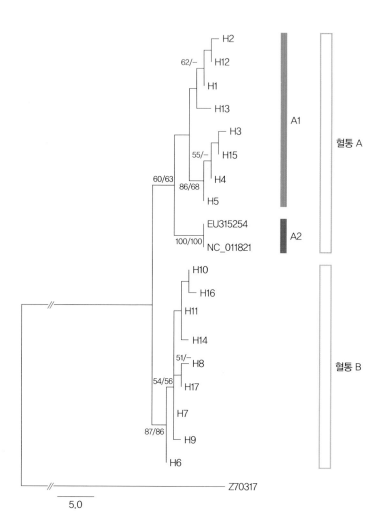

그림 3-2. 한국고라니 아종의 미토콘드리아 D-loop 지역의 계통도(Kim et al., 2014). H: 유전자형; A, B: 혈통(lineage) 또는 그룹(clade); A1, A2: 아혈통(sublineage) 또는 아그룹(subclade); H1-H17: 한국고라니 아종의 유전자형; EU315254, NC_011821: 중국고라니 아종의 유전자형; Z70317: 노루의 유전자형

한반도에만 있는 것일까. 이는 혈통 B가 한반도에서 기원했기 때문이라 할 수 있다. 2014년의 연구에 따르면, 빙하기 초기인 약 160만 년 전, 한반도와 중국의 비교적 온화한 지역에는 고립된 고라니의 피난처가 있었다고 한다. 이곳에서 고라니들은 각각 혈통 A와 혈통 B로 분화했고, 이후 간빙기에 두 혈통이 서로 교류한 것으로 밝혀졌다. 중국에서 한반도로 건너온 혈통 A 개체군은 성공적으로 생존했지만, 한반도에서 중국으로 건너온 혈통 B 개체군은 그러지 못했다. 혈통 B 개체군이 사라진 것은 인간의 간섭에 기인한 것으로 생각되지만 정확한 해석을 위해서는 앞으로 추가 연구가 필요하다.

위의 2014년 연구에서 밝혀진 또 다른 사실은, 한국고라니가 중국고라니보다 유전적 다양성*이 상대적으로 낮다는 점이다. 한국고라니의 잠재적인 개체 수가 정확하게 조사된 바는 없지만, 중국의 약 1만 마리보다 최소 10배 이상더 많다는 주장도 있음 많다는 전제 하에서 이 결과는 우리의 예측을 크게 벗어난 것이라 하겠다.

한국고라니의 유전적 다양성이 낮은 이유는 무엇일까? 먼저 밀렵, 기근, 전쟁 같은 인간의 영향에서 비롯된 것이라는 가설이다. 지난 천 년 이상 동안 한반도에 서식하는 고라니의 분포는 현재와는 사뭇 다른 양상을 거쳤을 것으로 추측된다.

과거 고라니는 주로 한반도 남서쪽 저지대에 제한적으로 존재했던 것으로 추측된다. 고라니가 하천 주변 또는 습지 같은 수계 부근의 평지를 선호하기 때문이었을 것이다. 또한 호랑이, 표범, 늑대 같은 포식자와 붉은사슴, 사슴대륙사슴, 노루 같은 경쟁 종이 있어 고라니가 한반도 동쪽 산악 지역으로 확장하기도 어려웠을 것이다. 이러한 상황이 지난 몇 백 년 동안 급변하여 고라니의 주요 경쟁자와 대부분의 주요 포식자가 남한에서 절멸하였고 결과적으로 고라니가 가장 번성하게 되었다.

한반도 남서 지역은 가장 집중적으로 개발된 농업지대이자 인구 밀도가 높은 지역이었다. 따라서 과거 그 지역에 있던 고라니 개체군은 사냥과 간척, 전쟁에 취약했을 것이다. 현재 남한의 고라니는 지난 수십 년 동안 급격히 개체 수가 증가하였지만, 그들의 낮아진 유전적 다양성을 회복하자면 아직 많은 시간이 필요할 것으로 보인다.

한국고라니의 유전적 다양성이 낮은 원인을 설명하는 두 번째는 빙하기 동안의 창시자 효과*founder effect에 의한 것이라는 가설이다. 신생대 홍적세 시기 동안 한반도 북부 지역에는 빙하가 존재했던 것으로 밝혀졌다. 이와는 대조적으로 한반도의 중부나 남부 지역에는 극한기후에도 불구하고 빙하가 없었다. 상대적으로 온화한 남부 해안을 따라 빙하기 동안 고라니의 피난처가 존재했을 가능성이 높다.

이러한 피난처에 고립된 작은 창시자 개체군이 나타나면서 유전적 다양성이 상대적으로 낮아졌을 수 있다. 즉 과거 피난처에 살아남은 소수 개체들의 낮은 유전적 다양성으로 인하여, 고라니의 개체 수

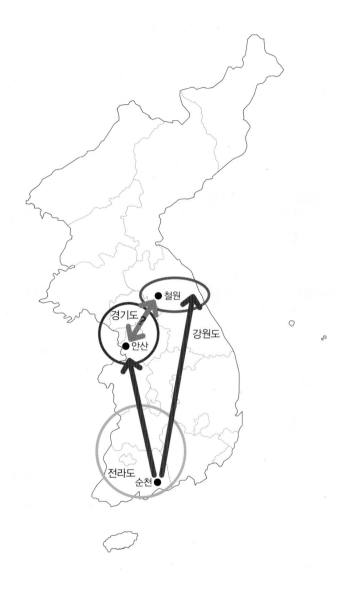

그림 3-3. 미토콘드리아 DNA 분석을 통해 예측된 한국고라니의 개체군 간 이동 방향(Kim et al., 2011)

가 증가한 현재까지도 여전히 낮은 유전적 다양성을 유지할 수밖에 없다는 이야기이다. 한반도 남부에 존재했던 피난처에 작은 고라니 개체군만 생존하다가 빙하기가 쇠퇴할 때 경기도와 강원도 방향으로 고라니의 개체군이 확장되었는데,그림 3-3 각 개체군 역시 낮은 유전적 다양성을 보인 것으로 드러났다.

두 가설을 종합해 보면, 역사적으로 한국과 중국의 고라니는 인간의 영향을 받았다는 점에서는 비슷하다. 그러나 과거 창시자 개체군이 나타났을 때 한국보다는 중국에서 그 규모가 더 컸을 것이고, 이로 인하여 유전적 다양성은 한국고라니 개체군에서 더 낮게 나타난 것으로 보인다. 현재 중국고라니가 한국고라니보다 적은 이유는 중국에는 아직까지 고라니의 포식자와 경쟁자가 존재하고 있기 때문이라고 할 수 있다.

고라니 염색체는
몇 개일까요?

염색체로 보는 고라니의 진화

사람은 23쌍, 46개로 구성된 염색체를 가지고 있다. 그럼 고라니가 속한 사슴과의 종들은 몇 개의 염색체가 있을까? 또 이러한 염색체 수는 종이 달라져도 똑같을까?

염색체 수의 차이는 사슴과의 종을 분류하는 기초 자료로 이용되고 있다. 특히 염색체 수에 대한 정보가 다른 형질들과 연관되어 있다면 그 신뢰성은 대단히 높아진다.

신생대 홍적세 플레시오메타카팔 그룹에 속하는 많은 구북구 사슴Old World deer의 염색체 수는 2n=68개였다. 반면 신북구 사슴New World deer과 구북구 텔레메타카팔 그룹에 속하는 사슴은 일반적으로 2n=70개의 염색체를 가지고 있다. 예외적으로 리브스 문착Reeves' muntjac은 46개, 인도 문착은 암컷의 경우 6개, 수컷의 경우 7개만 갖는 경우도 있다. 이보다 적은 경우는 아직까지 보고된 바 없다. 또한 사슴대륙사슴, Sika deer은 67개, 삼바사슴Sambar은 64~65개, 바라싱가 Barasingha는 56개의 염색체가 있다. 무스Moose는 68개 또는 70개의 염색체를 가지기도 한다.

고라니의 염색체는 70개이다. 이 결과를 보면 고라니는 구북구의 텔레메타카팔 그룹에 속하는 것으로 판단되며, 신북구 사슴으로 결론 내릴 다른 증거들은 존재하지 않는다. 즉 고라니는 진화 과정에서 볼 때 사슴의 조상으로부터 상대적으로 초기에 생겨난 것으로 보인다. 추가적으로 고라니는 차단부 동원체성 X 염색체acrocentic X chromosome를 갖는 것이 특징이다.그림 3-4

염색체에 대한 연구는 세부적인 계통 및 개체군 연구보다 앞서 진행되는 것이 맞지만, 최신의 과학적 방법론을 추구하는 현실에서 이제 뒤처진 학문이 되었다. 사실 염색체 수는 종을 가르는 커다란 기준이 된다. 염색체 수가 다른 종끼리는 서로 번식이 불가능하거나, 번식한다 해도 후손들에 이상이 생기는 경우가 많다. 최근 염색체 연구의 필요성이 다시금 제기되면서 앞으로 야생동물 연구에도 진척이 있을 것으로 기대한다. 그렇게 되면 한국고라니에 대해서도 이런 염색체 수 연구가 진행될 수 있을 것이란 희망을 가져 본다.

최근 분자유전학은 눈부신 발전을 보이고 있다. 이중 차세대 염기

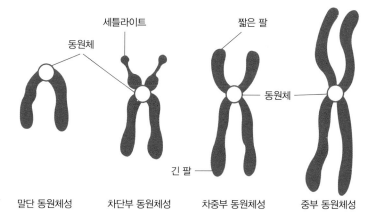

세틀라이트

동원체

짧은 팔

동원체

긴 팔

말단 동원체성　　　차단부 동원체성　　　차중부 동원체성　　　중부 동원체성

그림 3-4. 다양한 염색체의 종류(http://pds23.egloos.com/pds/201110/04/01/d0052001_
4e8a9c3772377.jpg)

서열 분석*Next Generation Sequencing, NGS은, 과거 많은 비용과 시간이 걸
리던 염기 서열 분석을 획기적으로 줄여 다양한 분야에 활발하게 활
용되고 있다.

이 분석법은 유전체를 무수히 많은 작은 조각으로 나눈 뒤 다시 조
합하여 전체 유전체를 해독하는 방법으로, 2004년에 최초로 상용화
되어 비약적으로 발전해왔다. 현재 기초 연구 외에도 의료계 및 산업
계에서 이 분석법이 활발하게 사용되고 있다.

예를 들어, 생물종의 전체 유전체를 분석하여 얻어진 서열을 참고
유전체 서열과 비교함으로써 특정 유전체 내 변이를 발굴하기도 하
고, 질병 유전자 등 유전체의 특정 부위만을 분석하여 비교하는 데에
차세대 염기 서열 분석을 이용하기도 한다.

특히 전체 인간 유전체의 2% 정도밖에 밝혀지지 않은 상황에서, 현재까지 알려진 질병 관련 유전자들의 85% 정도가 엑솜Exome, 단백질을 암호화하고 있는 부분을 총칭에 있는데, 이에 대한 염기 서열 분석 등에 활발히 활용되고 있다.

한편 인간 질병에 대한 원인을 파악하기 위한 모델 생물종의 유전체 분석과 더불어 최근에는 많은 야생동물에 대한 유전체 분석이 대규모로 시도되고 있다. 더불어 이러한 정보는 인간 및 모델 생물종의 진화적인 기원을 추정하는 데에도 큰 도움이 된다.

야생동물의 보전유전학 분야의 경우에도 판다를 비롯한 많은 국제적 멸종 위기종의 전체 유전체에 대한 분석이 짧은 시간, 적은 비용으로 수행되었다. 국내의 경우에도 최근 호랑이에 대한 전체 게놈*분석이 수행된 바 있다. 고라니의 경우 아직 이러한 분석이 수행되진 않았지만 가까운 시기에 시도될 것으로 예상하고 있다.

최근 한국과 중국 아종에 대한 미토콘드리아 전체 유전체에 대한 연구가 수행된 바 있다. 이 연구 결과에 따르면 한국고라니의 전체 미토콘드리아 유전체는 13개의 단백질 암호화 유전자, 22개의 tRNA, 2개의 rRNA 유전자, 1개의 조절 부위 지역으로 구성되어 있다. 한국 아종16,356bp 과 중국 아종16,355bp 의 차이는 전체 길이에서 한국 아종이 1bp 더 길다는 것이다. 이는 22개의 tRNA 유전자 중 하나의 길이가 달라서 생겨난 결과이다. 이러한 결과는 결국 두 아종 사이에 유전적으로 큰 차이가 없음을 의미하는 것이다.

차후 전체 유전체에 대한 차세대 염기 서열 분석이 진행된다면 두 아종의 계통 및 개체군 연구에 중요한 정보를 제공할 수 있을 것으로 생각된다. 이는 기존의 제한적으로 증폭된 미토콘드리아의 짧은 DNA 단편 혹은 미토콘드리아 전체 유전체를 분석한 결과에서는 얻을 수 없는 대량의 정보를 제공하여 이 종의 진화적인 궁금증들을 해소시킬 수 있을 것이다. 더불어 이러한 차세대 염기 서열 분석 연구는 한국에 서식하는 우제류 및 그 외 야생동물과의 비교 연구에 많은 도움이 될 것이다.

과학자들은 고라니를
어떻게 연구할까요?

고라니를 연구하는 최신의 방법

고라니를 연구하는 과학적 방법에는 여러 가지가 있다. 특히 최근에는 다양한 주제들에 대한 서로 다른 접근법정량적 생태 조사와 모니터링 방법, 분자유전학적 기법, 질병 진단 기법, 모형 등이 존재한다. 이런 여러 가지 방법론을 적용한다면 우리가 고라니를 어떻게 보전하고 관리해야 하는지에 대한 해답을 얻는 동시에 인간과 고라니 사이의 충돌을 줄일 수 있을 것으로 기대한다. 포획은커녕 육안으로 관찰하기도 쉽지 않은 고라니를 과학자들은 어떤 방법으로 연구하고 있을까? 쉽지는 않지만 고라니 연구에도 길은 존재한다.

최근에는 비침습적 샘플링non-invasive sampling 방법이 빈번하게 쓰인다. 비침습적 샘플링은 야생동물에게 해를 주지 않고 그 동물이 어떤 종인지, 성별은 무엇인지, 유전자형이 무엇인지 판단할 수 있게 해 준다. 육안으로 관찰하는 대신 분변과 털 등을 이용하는 최신의 방법이라고 할 수 있다.

예를 들어, 남한에는 대표적인 우제류가 다섯 종고라니, 노루, 사향노루, 산양, 야생염소이 있다. 이 다섯 종 중에서 고라니를 구별하기 위해서는 우선 서식지에서 모양이 비슷한 각 종의 분변을 채집한 후, 각각에 부착하는 5쌍의 프라이머를 이용한 다중 PCR 기법*multiple PCR technique을 적용하여 증폭된 유전자 절편의 길이 차이를 비교한다. 그림 3-5에서 보이듯 고라니는 가장 긴 절편을 가지고 있어 밴드가 가장 위쪽에 위치하고, 사향노루는 가장 짧은 절편을 가지고 있어 가장 아래에 밴드가 위치한다.

한편 암컷과 수컷을 구별할 때도 유사한 분석 방법을 쓸 수 있다. 성염색체 X, Y에 각각 부착하는 한 쌍의 프라이머를 이용하여 증폭된 유전자 절편의 길이를 비교하면 고라니를 포함한 다섯 종의 성별을 모두 구별할 수 있다. 그림 3-6에서 위에 보이는 PCR 밴드는 길이가 긴 X 염색체에서 증폭된 것이고 아래 보이는 밴드는 길이가 짧은 Y 염색체에서 증폭된 것이다. 여기에서 X와 Y를 동시에 가지고 있는 것을 수컷XY, M으로, X만 가지고 있는 것을 암컷XX, F으로 보면 된다. 이것은 인간의 성을 구별하는 방법과 동일하다. 한편 연령에 대한 구별은 아직까지 이러한 방법으로는 불가능하다.

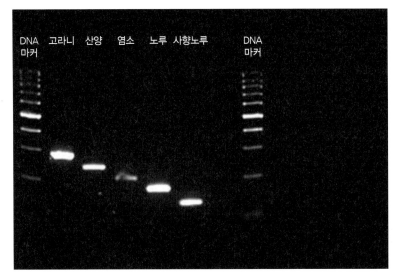

그림 3-5. 종 특이적 다중 PCR 기법을 이용한 종 구별 젤 전기영동 양상(Kim et al., 2009)

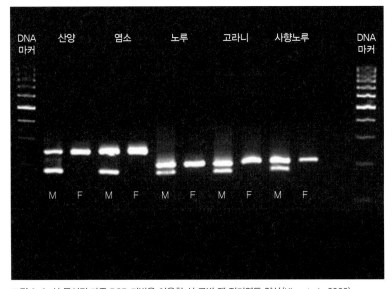

그림 3-6. 성 특이적 다중 PCR 기법을 이용한 성 구별 젤 전기영동 양상(Kim et al., 2009)

이러한 종이나 성을 구별하는 방법 덕분에, 야생 고라니를 대상으로 상대적으로 용이하게 샘플을 확보할 수 있다. 이를 통하여 특정한 지역농지 및 도로에서 고라니의 존재 유무, 성비 같은 기본적인 정보를 얻을 수 있고 이를 다양한 분야의 기초 자료로 활용할 수 있다. 이는 마치 기초적인 인구조사를 통해 특정 지역의 성별 분포, 인구수를 파악하는 것과 유사하다.

한국고라니는 사는 지역마다 각 개체군의 유전적 구조도 똑같을까? 이에 대한 연구도 이미 수행된 적이 있다. 여기서 개체군의 유전적 구조란 여러 개체로 구성된 어떤 그룹의 유전자형의 조성을 의미하며, 다른 그룹과의 차이를 파악하여 두 그룹의 유전적 특성이 서로 유사한지 아니면 다른지를 비교할 때 요긴하게 사용된다. 이는 개체 하나하나에 대한 계통학적 비교와는 다른 차원의 이야기이다

모계 유전의 미토콘드리아 조절 부위를 이용한 최근 연구에 따르면, 남한 내에 서식하는 여러 고라니 개체군 중 세 개전라도, 경기도, 강원도의 개체군 사이에 유전적 조성은 어느 정도 다른 것으로 나타났다. 특히 지리적으로 멀리 떨어져 있는 전라도와 경기도, 전라도와 강원도에 사는 고라니 개체군 사이의 유전적 조성은 서로 의미 있는 차이를 보였다. 이를 통해서 전라도와 그 외 지역 간 개체군 사이의 무작위적 유전자 흐름random gene flow을 방해하는 물리적 장벽이 있었다고 추측할 수 있다. 마찬가지로 중국에서도 저우산 군도舟山群島와 내

류에 사는 고라니 개체군 사이에 서로 의미 있는 차이가 있었다는 연구가 발표된 적이 있다.

이런 결과와는 대조적으로, 모계와 부계 유전의 마이크로세틀라이트 DNA를 기반으로 분석한 결과에서는 강원도와 전라남도의 고라니 개체군이 유전적 조성에서 차이를 보이지 않았다.그림 3-7

중국에서는 이 방법을 사용했을 때에도 저우산 군도와 내륙에 사는 고라니 사이에 분명한 장벽이 있다는 결과가 나왔다. 왜 한국에서와 다른 결과가 나왔을까?

아마 한국고라니들은 서로 다른 지역이라 해도 내륙이라는 이동 가능한 공간에 분포하고 있고, 중국에서는 내륙과 섬을 비교해 실험을 해 보았기 때문이 아닐까. 육지 안에서의 장벽보다는 바다라는 장애물이 유전적 조성의 차이를 낳는 데 더 큰 영향을 미쳤을 것이다.

더불어 개체군 유전적 조성의 차이는 수컷과 암컷의 서로 다른 확산 능력으로 생겨나기도 한다. 수컷 고라니의 행동권과 확산 능력은 일반적으로 암컷보다 크다. 따라서 모계로부터 물려받은 미토콘드리아 DNA의 분석과, 모계와 부계 모두에서 물려받은 핵 DNA인 마이크로세틀라이트의 분석을 비교하면 성별과 유전적 조성의 관계를 파악할 수 있게 된다. 이러한 방법들을 활용한다면 어떤 개체군이 유전적으로 독립 혹은 고립되어 있는지를 판단할 수 있어 보전의 대상을 효과적으로 선정할 수 있고, 또 개체군 사이에 나타나는 유전적 조성

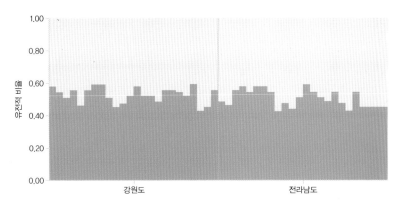

그림 3-7. 마이크로세틀라이트 DNA 분석을 통해 나타난 강원도와 전라남도 간 한국고라니의 유전적 조성(Lee et al., 2011)

의 차이를 바탕으로 개체군을 개별적으로 관리할 수도 있게 된다.

지금까지 살펴본 방법들은 우리 인간을 대상으로 더욱 활발하게 적용되고 있다. 예를 들어, 사람의 친자 식별에 마이크로세틀라이트 DNA 타이핑이라는 방법을 활용한다. 이 방법을 이용하면 여러 가지 DNA 마커들을 이용한 분석 결과를 통합하여 분석 대상이 되는 사람이나 가족이 어떤 쪽과 더 가까운지 판별해 낼 수 있다. 즉 친자나 가족 관계를 알 수 있는 것이다. 만약 더 많은 마커들을 이용한다면 그 결과는 더 신뢰할 수 있을 것이다.

고라니의 먹이 분석 연구도 진행된 바 있다. 야생동물의 먹이를 분석하면, 어떤 종이 생태계에서 어떤 역할을 하는지 이해할 수 있게 된다. 멸종 위기종이나 희귀종의 경우, 특히 채식에 대한 생태feeding ecology 연구는 필수적이다. 그동안 채식 흔적 관찰, 채식 횟수 조사, 미세 조직 염색 기법 등이 고라니 먹이 분석에 이용되어 왔다. 그러나 이러한 방법을 이용한다 해도 고라니 같은 야생동물의 먹이를 정확하게 분석하기는 어려운 것이 사실이다. 다행히 얼마 전부터는 분자생물학적 기법을 이용하여 보다 정량적으로 야생동물의 채식을 연구할 수 있게 되었다.

반추동물의 소화계는 세 가지로 구별된다. 첫 번째는 주로 교목키 큰 나무, 관목키 작은 나무, 광엽 초본의 잎을 먹는 집중형 채식자concentrate feeder 또는 browser이다. 두 번째는 협엽 초본을 먹는 대량형 채식자bulk feeder 또는 roughage feeder이다. 마지막은 가용한 모든 식물을 먹는 중간형 채식자intermediate feeder 또는 adaptable mixed feeder이다. 사람에 비유하면 집중형 채식자와 대량형 채식자는 편식을 하는 사람이고, 여러 종류의 식물을 다 섭취하는 중간형 채식자는 골고루 잘 먹는 사람인 셈이다. 채식 흔적 연구 결과 중국고라니는 중간형 채식자에 근접한 집중형 채식자로 나타났고, 분변을 대상으로 분자유전학적 기법을 적용한 대부도 고라니의 경우도 역시 집중형 채식자로 밝혀졌다. 주로 국화과, 참나무과, 마디풀과, 장미과에 속하는 식물을 먹이로 이용하였다.그림 3-8 광엽 초본58.0%과 목본 식물33.0%을 선호하였고 협엽 초본8.1%도 일부 먹고 있었다. 한마디로 고라니는 광엽 초본과 나무의 잎을 선호하는 동물로, 일종의 편식자인 셈이다.그림 3-8

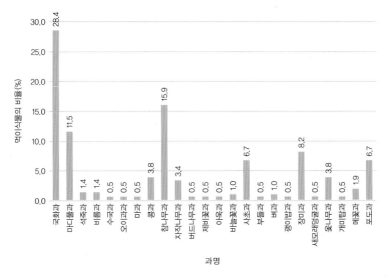

그림 3-8. 대부도 고라니의 분변 샘플 내 먹이식물 비율(Kim et al., 2011)

고라니는 보통 초지와 산지가 만나는 먹이가 풍부한 지역에 서식한다. 두 지역을 오가며 먹이 활동을 하기 때문에, 채식 습관을 알면 야생에서 고라니가 어떻게 분포하고 있는지 알 수 있다. 예를 들어, 고라니는 낮 시간에는 주로 먹이식물이 제한적이고 가까운 저지대에서 몇 종류 되지 않는 식물을 먹지만 밤에는 먹이식물이 다양한 먼 산악 지역에서 다양한 먹이를 먹는 것으로 밝혀졌다. 사람에 비유한다면 점심 때는 가까운 분식집에 가서 간단히 김밥으로 때우고 저녁에는 멀리 떨어진 레스토랑에 가서 다양한 메뉴로 배불리 식사를 하는 셈이다.

실제로 분변을 대상으로 분자유전학적 기법을 적용한 연구에서 대부도에 서식하는 한국고라니의 채식 양상은 평지와 산지에서 유의미하게 다른 먹이 조성을 보였다. 평지에서는 광엽 초본94.5%을 주로 먹고, 산지에서는 목본58.0%을 주로 먹는 것으로 나타났다.표 3-1

이러한 분자생태학적인 먹이 분석은 고라니와 농민의 마찰 해결에 유용하게 적용될 수 있을 것이다. 예를 들어, 일반적으로 농작물에 피해를 본 농민은 지방자치단체에 신고하여 피해 정도에 따라 일정한 보상을 받는다. 그러나 피해 지역에서 고라니가 어떤 농작물을 선호하고 또 얼마만큼 먹는지를 파악할 수 있다면, 사전에 고라니가 선호하지 않거나 덜 좋아하는 농작물을 심어 피해를 미연에 방지할 수도 있을 것이다. 또한 이러한 정보들은 합리적인 피해액 산정에도 활용할 수 있을 것으로 보인다.

표 3-1. 한국고라니의 평지와 산지에서의 먹이식물 조성의 차이(Kim et al., 2011)

식물형	전체		평지		산지	
	빈도	비율	빈도	비율	빈도	비율
광엽 초본류	122	58.1	86	94.5	36	30.3
목본류	70	33.3	1	1.1	69	58.0
협엽 초본류(사초류)	17	8.1	4	4.4	13	10.9
양치 / 이끼류	1	0.5	0	0	1	0.8
합계	210	100	91	100	119	100

고라니에 대한 분자생태학적 연구는 최근 국내에서도 활발히 진행되고 있고, 앞으로 이 종에 대한 연구 한국과 중국의 고라니 샘플을 활용한 폭넓은 계통 및 개체군 분석, 속 또는 종 수준의 먹이 분석, 내부 또는 외부 기생충과 고라니의 공진화, 성선택 등 가 추가적으로 진행될 것으로 보인다.

과거 생태학자들과 분자유전학자들 사이에는 보이지 않는 벽이 있었던 게 사실이다. 하지만 지금은 더디기는 하지만 이러한 벽이 점점 사라져가는 추세다. 두 학문의 융합으로 우리가 풀기 어려웠던 많은 문제들이 해답을 얻게 될 것이다. 더불어 고라니를 비롯한 야생동물을 어떻게 관리 보전할 것인가, 인간과 야생동물이 어떻게 충돌 없이 공존할 것인가 등의 문제를 해결할 방안도 찾게 될 것으로 기대한다.

4

고라니와
더불어 살아가기

고라니가 사라지는 이유

고라니를 연구하다 보니 신문과 방송에 등장하는 고라니 관련 소식에 자연히 눈과 귀가 쏠린다. 하지만 대부분의 뉴스들은 고라니의 부정적인 면을 다루고 있다. 「고구마·옥수수 닥치는 대로 먹어 치워… 수확 포기 농민들 '망연자실'」이라는 제목처럼 고라니가 농작물을 망치고 있다는 기사가 그 중 가장 많은 것 같다. 그림 4-1

충청북도의 경우 고라니를 포함한 야생동물에 의한 농작물 피해가 해마다 늘고 있어 피해 보상 예산도 증액되고 있다. 고라니 포획 수도 결코 적지 않다. 2014년 한 해에만 충청북도에서 1만 2,000여 마리의 고라니가 유해 동물이라는 이유로 포획됐다. 하지만, 우리나라는 서식하는 고라니의 개체 수에 대한 정확한 통계조차 없는 것이

그림 4-1. 고라니로 인해 발생한 피해(KBS 뉴스, 2015)

현실이다. 중국에 약 1만 마리의 고라니가 살고 있으니 아마 한국에는 훨씬 더 많은 고라니가 있을 것이라 한다. 한반도에는 호랑이, 표범, 스라소니, 늑대, 여우 같은 대형 포식자들이 멸종되었고, 고라니의 경쟁자인 노루의 개체 수 감소와 사슴대륙사슴과 붉은사슴의 멸종이 고라니의 개체 수 증가로 이어졌다. 고라니 같은 특정 종의 개체 수가 지나치게 증가했다는 사실은 한반도가 더 이상 건강한 생태계가 아님을 반증하는 것이다.

몇 해 전 황윤 감독의 독립 영화 「어느 날 그 길에서」가 상영되었다. 야생동물의 로드킬을 다룬 이 영화에서 우리 주변에서 야생동물들이 죽어가는 광경을 수없이 볼 수 있었다. 고라니도 예외는 아니다.

한 연구 결과에 따르면 2004~2006년 동안 우리나라에서 야생동물 개별 종으로는 너구리242마리 다음으로 고라니180마리의 로드킬이 가장 빈번하게 일어났다고 한다.그림 4-2 인간의 편의를 위해 만든 도로가 고라니와 야생동물의 무덤이 된 형국이다.

다른 연구 결과에 따르면 포유류 가운데 조난에서 구조된 수도 너구리481마리, 34.8% 다음으로 고라니433마리, 31.3%가 가장 많은 것으로 나타났다. 고라니와 야생동물에게 우리나라는 많은 위협이 도사리는 죽음의 공간이 되어버린 것이 아닐까. 로드킬뿐만이 아니다. 지역 사회에서 벌어지는 밀렵으로 인하여 우리가 모르는 사이에 고라니를

그림 4-2. 로드킬로 부상을 당한 고라니(안산, 2007)

비롯한 많은 야생동물이 죽어 가고 있다. 과연 한국 야생동물을 대표한다는 고라니의 미래는 어떤 모습일까?

흔히 사슴과 동물은 새끼를 1~2마리 정도 낳지만, 고라니의 경우 2~7마리까지 분만하며, 3~4마리를 낳는 경우가 제일 흔하다. 새끼 고라니는 주변 환경이나 포식자, 어미의 경험 등에 따라 폐사율에 차이를 보인다. 1970년대 영국 워번에서 조사된 바에 따르면 3일령 정도의 새끼 고라니 개체의 폐사율이 25%에 달하며, 이는 사산이나 저체온증과 연관이 있는 것으로 나타났다. 우리나라의 강수량은 여름철에 집중되어 여름철 강수량이 1년 전체의 55.6%에 달한다. 여름은 새끼 고라니가 태어나는 계절이기도 하다. 이러한 집중 강우는 아직 어린 고라니에게 치명적인 저체온증을 야기할 수 있는 원인이 되기도 한다.그림 4-3

영국의 다른 사육 집단에서는 생후 첫 4주간 새끼 고라니의 폐사율이 40%에 달했다는 보고도 있어, 한국의 여름철 집중 강우가 전반적인 고라니 폐사율에 매우 큰 영향을 끼치는 것으로 보인다. 영국에서 나온 이런 보고는 인공적인 사육 상태에서의 폐사율로, 포식자에 의한 영향은 배제된 상태의 것이다. 우리나라에서는 너구리, 삵, 담비, 수리부엉이 등이 새끼 고라니를 잡아먹는 경우가 상당할 것으로 추정되지만 아직까지 이와 관련된 구체적인 자료는 없다.

한편 1993년 영국 웹스네이드에서도 새끼 고라니의 폐사율을 조

그림 4-3. 새끼 고라니는 풀숲에 혼자 있는 시간이 많아 저체온의 우려가 높고 포식자에게 습격을 당할 가능성도 높다.(철원, 2008)

사한 바 있다. 그 결과 상당수의 새끼 고라니를 여우가 죽인 것으로 밝혀졌다. 다른 조사에 따르면 암고라니 한 마리당 겨울철을 넘겨 생존한 새끼는 0.5마리에 불과했다. 2마리의 평균 출생률과 비교해 보면 전체 개체군의 4분의 3 정도가 겨울철을 넘기지 못하고 폐사하는 것이 된다. 야생 개체군에서 고라니 성체의 연간 폐사율이 40%에 달한다는 보고도 있다. 이 계산대로라면 야생 고라니 개체군은 거의 5~6년 이내에 완전히 새로운 개체군으로 교체된다는 의미이다.

한국에서 고라니의 주요 폐사 원인은 유해 조수 구제, 수렵, 로드킬, 포식자에 의한 포식, 밀렵이다.그림 4-4 포식자에 의한 포식을 제외한 나머지 요인들 모두가 인간에서 비롯된 셈이다. 한국에서는 매년 10~15만 마리 수준의 고라니가 인위적 요인으로 사라진다고 추정된다.

고라니의 수명은 10년 내외로 알려져 있다. 사람이 사육하던 고라니가 11년을 생존했다는 기록도 있지만, 자연 상태의 고라니는 대개 7년을 넘기지 못하며, 9년 이상이 되면 치아가 극심하게 마모되어 거

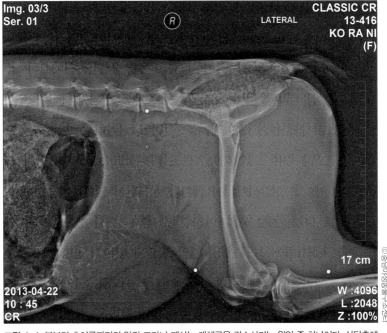

그림 4-4. 봄부터 초여름까지의 암컷 고라니 폐사는 개체군을 감소시키는 원인 중 하나이다. 산탄총에 맞은 후 교통사고로 사망한 생후 10개월령의 암컷 고라니. 두 마리의 태아가 관찰된다. (예산, 2013)

의 생존하기 어렵다고 한다. 고라니와 비슷한 크기의 설치류인 카피바라에 비해 수명이 짧은 것은 아니지만, 사슴과 중에서는 상대적으로 고라니의 수명이 짧다고 할 수 있다. 특히 고라니는 체구가 작아서 영구치 크기에도 제한이 있으므로, 채식 과정에서 영구치가 마모되면서 최종적으로 수명까지 제한을 받게 되는 일이 많다.

고라니가 심각한 개체군 손실에도 불구하고 일정한 개체군 크기를 유지할 수 있는 것은 이 종의 뛰어난 번식 능력 덕분이다. 암컷 고라니는 생후 6개월이면 이미 성적 성숙에 도달할 수 있고, 첫 번째 맞는 겨울에 임신이 가능하다. 한 연구에 따르면 어떤 고라니 개체군은 연간 26%의 성장을 보이기도 했는데, 이대로라면 한 개체군의 규모가 7년 사이에 거의 5배까지 늘어나게 된다. 만약 서식지 조건 악화, 환경의 악영향, 인위적인 위험 요인 등이 사라진다면 고라니 개체군은 빠르게 회복될 수 있을 것이다. 하지만 현실은 이러한 위험 요인들이 계속해서 증가하고 있는 상황이다.

고라니와 함께 사는 법

고라니는 기본적으로 저지대를 선호하는 작은 사슴이다. 통상 해발 600m 이하 지역에서 주로 관찰된다. 일반적으로는 저지대의 풀숲에 살며, 야산의 관목이나 덩굴식물 하단부에 쉼터를 만들고 주변 지역에서 먹이 활동을 한다. 군집을 이루기보다는 단독 생활을 하며, 경우에 따라 소규모 군집을 이뤄 생활하기도 한다.

우리나라의 저지대는 거의 농경지로 이용되고 있으며, 특히 밭 작물 때문에 고라니와 인간의 충돌이 흔하게 일어난다. 고라니가 농가에 피해를 주는 것은, 농경지나 인가 주변의 풀숲에 숨어 살면서 주변 농작물을 섭식하기 때문이다. 고라니는 봄철에 콩, 고추, 옥수수 등의 새순을 먹고, 가을에 인근 야산의 덤불, 풀숲, 논 내부에 머물며

벼 농사에 피해를 주기도 한다. 특히 벼의 이삭을 먹는 한편, 은신처로 사용하느라 벼를 쓰러뜨려 기계 영농을 방해하기도 한다. 배추 같은 채소의 경우는 배추 속대만 선택적으로 훼손하므로 상품 가치를 떨어뜨려 큰 피해를 준다.

이런 피해에 대해 당국에서는 직접적인 포획으로 대응하고 있다. 우리나라에서 고라니 개체 수를 조절하는 수단은 크게 수렵과 유해 조수 구제가 있다. 유해 조수 구제는 지방자치단체나 보통 시·군당 연간 300~500마리 정도를 통제한다. 전국 170여 개 시·군으로 보면 5만 1,000~8만 5,000여 마리의 고라니가 매년 구제되는 것으로 보인다. 여기에 공식적으로 허가를 받은 수렵으로 잡는 수를 감안하면 해마다 6만~10만 마리 정도의 고라니가 직접적으로 사냥을 당하고 있다. 이 숫자는 밀렵 등으로 사라지는 수는 제외한 것이다.그림 4-5

고라니의 유해 조수 구제 수량과 관련된 사례를 보면, 3개 면에서 하루 동안 43마리의 고라니를 포획한 경우도 있었다. 한 지자체에서는 2개월간 총 320마리를 포획한 사례도 있다. 실제로 잡힌 고라니의 수는 아마 공식적으로 발표된 수를 훨씬 넘을 것으로 추정한다.

인간과 야생동물의 충돌은 지속적으로 발생하고 있다. 하지만 가장 큰 문제는 사람들이 이용하는 자연 환경 공간이 점점 넓어지면서 야생동물의 서식지가 절대적으로 줄어들고 있다는 사실이다. 고라니 등 야생동물의 입장에서 보자면 자신의 서식지에 인간이 들어와 홀

그림 4-5. 덫에 걸린 고라니. 밀렵도 고라니 개체 수를 제한하는 요소지만 정확히 추산되지 않고 있다.(태안, 2011)

릉한 먹이 자원인 농산물을 제공하고 있는 것이고, 직접적인 피해를 보는 농민의 입장에서는 야생동물 때문에 개인의 재산권과 생존권을 침해 받는 것이다.

고라니의 농작물 피해를 방지하기 위해서는 직접적인 구제 말고 다른 방법이 없을까? 유해 조수 구제는 거의 대부분 총기를 이용하여 동물을 제거하는 방식으로 이뤄진다. 야생동물을 보호하기 위한 '야생생물 보호 및 관리에 관한 법률'에 따르면 유해 조수를 포획할 때에는 포획 시기, 포획 도구, 포획 지역 및 포획 수량이 적정해야 하며 적정한 포획 도구를 이용하여 포획하되 생명의 존엄성을 해하지 아니할 것, 그리고 덫은 멸종 위기종 등 보호하여야 할 동물이 포획되었을 경우 다시 야생에 방생할 수 있도록 생포용 덫을 사용하도록 정하고 있다. 동시에 허가를 받지 않거나 밀렵을 통해 고통을 주며 불법으로 포획한 경우, 특히 야생동물을 먹거나 가공하는 행위를 강력하게 규제하고 있다.

유해 조수를 막는 두 번째 방식은 전기 철책이나 목책을 설치하는 것이다. 철책의 밑을 파고드는 습성이 있는 고라니는 모피층이 두꺼워 전기 충격을 상대적으로 덜 받는다. 따라서 고라니의 피해를 막기 위해서는 전기 철책보다는 방수防獸 책을 더 많이 사용한다. 일부 지자체 등에서는 유해 야생동물 농작물 피해 예방 시설 지원 사업을 통해 일부 시설비를 지원하는 정책을 실시하고 있다.

유해 조수에 대한 세 번째 구제 방식은 피해 보상 제도의 운영이다. 농작물의 피해 규모를 확인하고 피해 금액의 일부를 행정기관에서 보상하는 방식이다. 농민들에게는 가장 현실적인 방법이라 선호도가 높지만, 국가나 지방자치단체의 예산이 적게 책정되는 지역에서는 불만의 목소리가 나오는 방안이기도 하다.

계속되는 로드킬의 비극

우리나라에서 고라니는 천덕꾸러기 신세가 되어 많은 수가 희생을 당하고 있다. 야생동물의 목숨을 빼앗아 가는 인위적 요인인 수렵, 유해 조수 구제, 밀렵, 로드킬 등에서 고라니는 모든 항목에 공통적으로 해당되는 종이다.

특히 로드킬로 인한 고라니의 피해는 심각하다. 얼마나 많은 고라니가 도로에서 쓰러져 가고 있을까? 우리나라는 1개 특별시, 6개 광역시, 각 1개의 특별자치시와 특별자치도, 8개 도가 있다. 전체 시·군이 171개 정도인데, 그 시·군에서 매일 한 마리 정도의 고라니가 로드킬로 죽는다고 해도 연간 6만여 마리가 차에 치어 죽는다는 계산이 나온다.

로드킬 피해 특별 조사가 전국을 대상으로 수행된 바가 없어 통계적 수치를 확보하는 것은 어렵다. 하지만 현장에서 경험해 보면 1개 시·군에서 하루에 한 마리의 고라니가 죽는다는 가정은 현실을 과소평가한 것이라 느껴진다. 우리가 이렇게 엄청난 수의 고라니를 우발적으로 죽이고 있다는 사실을 아는 사람은 거의 없을 것이다.

야행성으로 알려진 고라니이지만 낮에도 어느 정도는 활동을 한다. 인간의 간섭으로 인해 밤에 활발히 활동하기 때문에 야행성으로만 알려져 있지만, 이는 정확한 사실이 아니다. 야생동물은 대개 안구의 안쪽, 망막 뒷부분에 휘판Tapetum lucidum 이라는 반사판이 있다. 휘판은 망막을 통해 입수되는 가시광선을 반사시켜, 광 수용기photoreceptors가 받아들일 수 있게 광량을 늘리는 역할을 한다. 쉽게 말하자면 빛을 반사시켜 빛의 양을 늘리는 것이다. 이렇게 하면 어둠 속에서 더 잘 볼 수 있지만, 빛이 산란되어 인지할 수 있는 상이 흐려지는 효과를 주기도 한다. 즉 더 잘 볼 수 있지만 시력이 흐려진다는 것이다.

이런 동물들은 야간에 충분한 빛을 받아들이기 위해 홍채를 개방한다. 이때 과도한 빛에 갑자기 노출되면 모든 광 수용기가 과도하게 흥분하여 일시적으로 눈이 멀게 된다. 일반적으로 사슴류는 갑작스런 변화가 감지되면, 잠시 주춤하며 상황에 대한 판단을 하려 한다. 이때 빠른 속도로 차량이 접근하면 그대로 차에 치이고 만다.

한국에는 평균 1km²당 약 1km의 도로가 있으며 여기에는 비포장도로가 포함되어 있지 않다. 하지만 고라니를 구조해도 마땅한 방생 장소를 선택하기 어려울 만큼, 우리나라에는 도로가 너무나 많다. 도로와 인접하지 않은 공간이 거의 없다고 할 정도이다. 충남야생동물구조센터에서 지난 2011년 7월 방생한 고라니가 약 90일간 2차선 도로 4개와 4차선 도로 3개를 건너 다니다 결국 좁은 2차선 지방도 위에서 로드킬을 당한 사례도 있다. 구조해서 방생한 8마리의 고라니 중 5마리가 120일 이내에 로드킬과 밀렵으로 폐사했다는 사례도 주목할 만하다.

그림 4-6을 보면 4월, 5월과 6월에 고라니의 교통사고가 집중되고 있음을 알 수 있다. 교통사고에서 구조된 고라니 중 사고가 발생한 달과 고라니의 나이를 파악할 수 있는 405마리의 개체를 상대로 분석한 결과이다. 4월부터 6월까지 총 39.3%가 사고를 당했는데, 12월의 13.1%를 제외하면 늦봄과 초여름에 상당히 많은 수의 고라니가 희생당하고 있는 것으로 나타난다. 늦가을과 겨울철에 교통사고가 증가하는 것은 추수 등으로 사람들이 고라니의 서식지를 교란하는 일이 많고, 경험이 부족한 어린 고라니들이 이 계절에 움직임이 활발해지기 때문으로 보인다.

하지만 봄철 로드킬과 교통사고율의 증가 이유는 아직 정확히 알려지지 않았다. 다만 4월부터 6월까지 기록된 고라니의 교통사고를

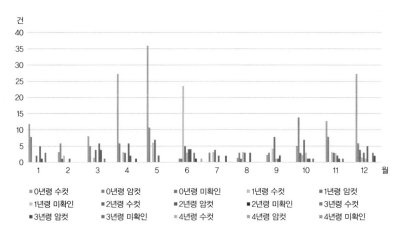

건
40
35
30
25
20
15
10
5
0

1   2   3   4   5   6   7   8   9   10   11   12   월

■ 0년령 수컷   ■ 0년령 암컷   ■ 0년령 미확인   ■ 1년령 수컷   ■ 1년령 암컷
■ 1년령 미확인   ■ 2년령 수컷   ■ 2년령 암컷   ■ 2년령 미확인   ■ 3년령 수컷
■ 3년령 암컷   ■ 3년령 미확인   ■ 4년령 수컷   ■ 4년령 암컷   ■ 4년령 미확인

그림 4-6. 월별, 연령별, 성별 고라니의 교통사고 현황(405마리 기준). 11~13개월령의 수컷 고라니가 봄철 교통사고에 매우 치명적인 영향을 받는다.(김영준, 2006)

조사한 결과 어린 수컷₁₁~₁₃개월령이 159마리 중 89마리를 차지하여 전체 56%에 달하는 것으로 조사됐다. 이 시기에 발생하는 로드킬의 절반 정도는 1년생 수컷 고라니라는 뜻이다.

로드킬을 줄일 수 있는 방안은 무엇이 있을까? 우선 도로의 과잉 건설을 막아야 한다. 무분별한 도로 건설이 마치 발전의 상징인 양 포장되어서는 안 된다. 이미 우리나라는 행동권이 극히 좁은 고라니마저 살 곳을 잃어가고 있는 상황에 처해 있다. 새로운 도로의 과잉 건설은 결국 서식지를 더욱 파편화시키고 야생동물을 죽음으로 몰아넣는 덫이 될 뿐이다.

로드킬을 막기 위한 두 번째 방안은, 적당한 장소에 적절한 방법으

로 야생동물 울타리와 이동 통로 등의 진입 방지 책울타리을 설치하는
것이다. 그나마 고속도로 주변에서는 야생동물 진입 방지 울타리를
설치하여 교통사고를 줄이려고 노력하는 모습을 볼 수 있다.

하지만 한국 전체의 도로 길이가 총 1km라고 할 때, 이 가운데에
서 약 0.03km만 고속도로에 해당한다. 실제로 수많은 야생동물들이
국도나 지방도에서 사고를 당하고 있다. 사고가 많이 일어나는 구간
의 실태를 더 자세하게 조사하고, 더불어 동물이 도로에 진입하지 못
하도록 막거나, 도로 위에 야생동물이 나타날 경우 운전자에게 알릴
수 있는 방법을 찾아야 한다.

로드킬을 막기 위해서는 세 번째, 친환경적인 도로를 건설해야 한
다. 단순하게 숲과 들판을 잘라 버리는 도로가 아니라 야생동물과 공
존할 수 있는 방법을 고려한 도로 건설 말이다. 최근 들어 많이 보이
는 터널 설치 방식은 그나마 동물의 이동 공간을 확보할 수 있다는
장점이 있다.

가장 중요한 것은 사람들의 마음가짐이다. 시속 100km로 운전하
는 것보다는 시속 80km로 운전할 때 도로 위의 야생동물을 피할 수
있는 가능성이 더 크다. 고라니 등의 야생동물이 도로 위로 올라오는
야간에는 좀 더 천천히 운전하는 습관을 기른다면 동물이나 운전자
의 안전을 위해 도움이 될 것이다.

고라니의
건강은 어떤가요?

위협 받는 고라니의 건강

사실 우리나라에서 사람들이 야생동물의 건강과 질병에까지 관심을 가지게 된 지는 그리 오래되지 않았다. 얼마 전부터 야생동물의 질병에 대한 관심이 증가하면서 일부 연구가 시작되고 있는 실정이다. 고라니의 질병에 대한 심층 연구 사례도 적다.

우리나라 일부 지역의 고라니 질병 감염에 대한 연구 사례에서는 소 바이러스성 설사* BVDV, 5/60, 8% , 브루셀라 감염증* 33/56, 59% , 로타바이러스 감염증 1/60, 1.7% 이 확인된 바 있다. 또 다른 연구에서는 고라니 7개체 중 2개체의 혈청에서 평판 응집반응검사하고자 하는 병균 이 포함된 표준 진단액과 동물의 혈청을 섞어 응집반응을 확인하는 검사법을 통해 이들 질병에 대한 양성반응이 확인되었으나, 2차 검사 결과 모두 음성으로 확인되었다. 이 중 브루셀라 균B. abortus은 우제류와 개 등에서 발생하는 법정 제2종 가축전염병으로, 주로 불임과 유산을 일으키는 감염병이다. 특히 이 질환은 인수 공통 전염병으로 사람에게도 구강이나 비강을 통해 감염을 일으키며, 적절히 치료하지 않을 경우 발열과 관절통, 경우에 따라 심장 감염까지도 일으킬 수 있다.

요네병* paratuberculosis 은 만성 수양성 설사를 통해 과도한 에너지 소모로 폐사를 일으키는 질병이다. 2010년 조사된 바에 따르면 고라니 7개체 중 1개체에서 이 질병에 대해 항체 양성반응이 나타나, 이 병이 잠재적으로 문제가 된다는 사실을 확인한 바 있다. 특히 동일 서식지를 여러 마리가 이용하는 고라니의 경우, 다른 고라니에게 병원체를 전파시킬 가능성이 있어 주의 깊게 관찰해야 한다.

'살인 진드기 바이러스'라는 무서운 명칭으로 언론에 알려진 중증 열성 혈소판 감소 증후군Severe Fever with Thrombocytopenia Syndrome, SFTS 은 신종 플레보바이러스Phlebovirus 에 의해 발생한다. 특이 증상이 없는 잠복기를 지나 다발성 장기 부전을 동반하는 심각한 증세로 급속히 발전하는데, 고열과 소화기 장애를 동반하는 심각한 혈소판 감소증이 나타나 사망에 이르기도 한다. 알려진 매개체로는 참진드기류에 속하는 작은소참진드기Haemaphysalis longicornis가 대표적이다.그림 4-7 이 진드기는 특히 야생동물에서 매우 높은 비율로 검출되는 종으로 한국고라니에서도 높은 비율로 확인되고 있다.

그림 4-7. 진드기에 과도하게 감염된 고라니 사례(부산, 2009)

고라니의 주요 서식지인 저지대 농경지는 인간과의 접촉이 비교적 쉬운 환경인데, 고라니의 높은 서식 밀도가 질병 전파에 영향을 끼칠 수 있을 것으로 추정되어 앞으로도 많은 연구가 필요하다.

북미 사슴류에서 문제가 되고 있는 만성 소모성 질병 Chronic Wasting Disease, CWD 의 국내 유입에 대해서도 주의 깊게 살펴야 한다. 나아가 국내 가축 산업에서 지속적으로 발생하고 있는 구제역 Foot and Mouth Disease, FMD 의 경우에도 고라니 개체군으로 유입될 가능성이 없다고 단정 지을 수 없는 상황이다.

고라니가 그들끼리의 싸움 때문에 다치거나 죽는 경우도 있다.그림 4-8 일반적으로 고라니는 세력권을 강하게 형성하거나 배타적으로 서식지를 사용하지는 않는 것으로 보이며, 경우에 따라 소규모 개체군을 형성한다고 알려졌다. 하지만 수컷의 경우 11월 말부터 시작되는 번식기부터는 상호 경쟁이 발생하며, 싸움이 관찰되기도 한다. 수컷 고라니의 싸움이 폐사로 이어지는 경우는 드물지만, 그래도 싸움 끝에 죽음에 이르는 고라니도 가끔 있다.

고라니끼리 싸운 결과로 보통 치명상이 발생하지는 않지만 베이거나 긁힌 상처는 많이 생긴다. 수컷 고라니는 잘 발달된 송곳니로 상

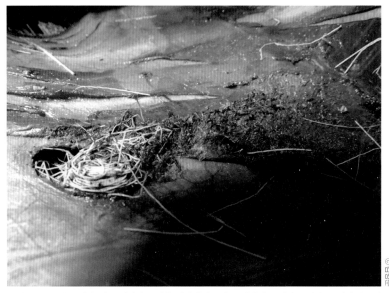

그림 4-8. 어린 수컷의 경우 성체의 공격을 이겨내지 못하고 폐사하는 사례도 있다. 성체의 송곳니 공격에 제1위가 천공되어 급성 복막염으로 폐사한 어린 고라니. 털이 피부 안쪽으로 말려 들어와 있다. (국립생태원, 2015)

대를 공격하는데, 싸우는 과정에서 송곳니가 부러지기도 한다. 송곳니가 다 자라지 않은 상태로 번식 경쟁에 참여하는 어린 수컷 고라니는 기존의 어른 수컷 고라니와는 상대가 되지 않는다.

영국 윕스네이드에서 수행한 연구 결과에 따르면 수컷들의 상처 90% 이상은 싸움에 의한 것으로 알려져 있으며 안구 손상, 찢겨진 귀와 긴 열상 등을 볼 수 있었다. 제한된 공간에서 사육되는 개체군에서는 도주 공간을 확보하기 어렵기 때문에 힘이 센 수컷 고라니에 의해 죽음을 당하는 고라니도 있다.

기후변화와 고라니의 앞날

IPCC*기후변화에 관한 정부간 협의체, Intergovernmental Panel on Climate Change가 발표한 5차 보고서에 나타난 기후변화 동향에 의하면, 1880년부터 현재까지 지구의 평균기온은 약 0.85℃ 상승하였다고 한다. 이는 지난 4차 보고서에서 밝힌 0.74℃1906~2005년의 상승률과 비교했을 때 온난화 속도가 더욱 가속화되고 있음을 보여주는 것이다.

IUCN*세계자연보전연맹, International Union for Conservation of Nature이 발표한 멸종 위기종 적색 목록에 의하면 기후변화와 극한 기상으로 인해 위협에 처한 종이 현재까지 1,610종에 달한다. 화석연료의 남용으로 인한 온실가스의 증가는 많은 야생생물에게 이미 부정적인 영향을 끼치고 있다. 만약 온실가스의 저감 및 기후변화에 대한 대책 마련에 노력을 기울이지 않는다면 인간도 결국 급격한 기후변화의 영향을 피해 갈 수 없을지도 모른다.

최근 한 연구는 멕시코에서 호주에 이르는 육상 지역에 서식하는 대표적인 1,103종에 대한 2050년까지의 모의실험을 통해 지구온난화로 인해 동물의 멸종 확률이 급격하게 증가할 것으로 보고하였다.

또한 지구온난화의 영향으로 많은 종들이 서식지를 옮기고 있고, 생물이 살기에 적합한 기후를 보이는 서식지의 면적이 줄어들고 있다. 일반적으로 북반구의 야생동식물은 저지대에서 고지대 혹은 남쪽에서 북쪽으로 적합한 서식지를 찾아 이동하는 것으로 알려져 있다. 북미의 경우 지구온난화 때문에 산지에 사는 종은 고지대로, 평지에 사는 종은 북쪽으로 이동한 사례가 보고된 바 있다. 인간은 아직까지 기후변화에 대응할 수 있는 방법을 가지고 있어 더우면 시원한 선풍기와 에어컨 바람을 이용하거나 시원한 장소로 언제든 찾아갈 수 있지만, 이러한 대응 방법이 없거나 적응력이 떨어지는 생물들의 경우에는 심각한 문제가 발생한다.

고도별 이동의 사례로 미국 캘리포니아 요세미티 국립공원에서 나타난 소형 포유류 분포 변화에 대한 100년 간의 연구가 있다.그림 4-9 이 연구에 따르면, 최저기온이 약 3℃ 오르는 동안 28종 중 절반이 고산지대를 향해 최대 300m까지 이동하면서 개체군이 수축한 것으로 나타났다. 그러나 나머지 종의 경우 고산지대로 옮겨 가면서도 수

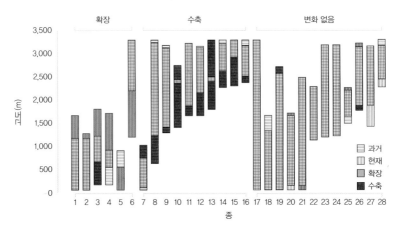

그림 4-9. 모든 종의 유의한 고도별 범위 변화(Moritz et al., 2011)

축이 일어나지 않거나 오히려 확장된 경우, 또 아무 변화가 일어나지 않은 경우도 있었다. 이것은 모든 종이 기후변화에 취약한 것은 아니고 특정 종의 경우 혜택을 받거나 아무런 영향을 받지 않는다는 사실을 의미한다.

　위도별 이동의 사례로 유럽 사슴류에 대한 연구가 있는데, 과거 기후변화에 대한 각 종의 반응은 다양한 양상으로 나타났다.그림 4-10 무스의 경우 기후변화에 따른 변화가 없고, 붉은사슴의 경우 근거리 이동1~10km 을 하며, 야생 순록은 장거리 이동10~1,000km 을 해오고 있는 것으로 알려졌다. 기후변화에 적응하지 못하는 종은 결국 멸종에 처하게 되는데, 그 대표적인 예로 이미 멸종한 고대의 거대 사슴인 큰뿔사슴을 꼽을 수 있다.

무스 *Alces alces*

붉은사슴 *Cervus elaphus*

야생순록 *Rangifer tarandus*

큰뿔사슴 *Megaloceros giganteus*

그림 4-10. 기후변화의 영향으로 다양한 양상을 보이는 사슴의 예(Dawson et al., 2011)

한반도에 서식하는 야생동물 역시 기후변화의 영향을 피해갈 수는 없다. 최근 수십 년간 고라니 개체 수가 증가한 것이 사실이다. 하지만 과거 북한 지역에서 이들의 개체 수가 현저히 감소한 시기가 있었다.

1999년도에 발간된 논문에 따르면, 과거 북한에는 태백산맥과 낭림산맥狼林山脈, 함경남도와 평안남북도의 경계를 따라 형성된 남북 방향의 산맥에 걸쳐 꽤 많은 수의 고라니가 분포하였다. 그러나 식용과 약용을 목적으로 한 남획으로 1900년대 중반에는 고라니 개체 수가 심각하게 감소하게 되었다. 북한정부는 고라니 복원을 위해 1958년에 16마리의 고라니를 강원도 문천에서 함경남도로 이주시키기도 하고, 1959년부터 5년 동안 고라니 수렵을 금지하는 보호 조치를 취하기도 하였다. 이렇게 적극적인 고라니 관리 결과 개체 수가 증가하고 분포 면적도 늘어나게 되었다.

현재 고라니의 개체 수가 상당히 많긴 하지만, 이 종의 유전적 다양성은 낮은 편이고 서식에 적합한 곳이 지속적으로 감소 또는 파편화되고 있다. 이러한 상황 속에서 기존의 부정적인 영향밀렵, 서식지 파괴 및 소실, 단편화, 환경오염과 더불어 기후변화의 부정적인 결과가 더해진다면 고라니 개체군에도 심각한 악영향을 미칠 것이다.

그렇다면 기후변화로 인하여 고라니는 어떠한 영향을 받게 될까? 고라니는 주로 평지와 산지가 접하는 중간 지역에 서식한다. 특히 고라니는 채식 활동을 하면서, 먹이가 부족한 저지대에서는 제한된 먹이만 먹고 먹이가 풍부한 산악 지대에서는 다양한 먹이를 먹는 특성을 보인다. 기후변화에 의한 기온 상승의 결과, 고라니의 먹이가 되는 식물이 높은 곳으로 이동함에 따라 먹이를 찾기 위해 고라니도 높은 고도나 북쪽 지역으로 이동하는 일이 일어날 가능성도 있다.

더불어 고라니가 살아가기에 적합한 습지 및 하천 주변의 서식지가 감소하면서 개체군의 과밀 현상도 일어나고 이러한 서식지가 소실되는 경우 고라니는 어쩔 수 없이 위험에 노출될 수밖에 없을 것이다. 또한 지금처럼 무분별한 개발이 계속되면 파편화된 서식지에서 고라니는 일부 지역에 제한적으로 서식할 수밖에 없을 것이다. 그렇게 되면 각 개체군들은 고립되고 유전적 흐름이 제약되어 이후 유전적 다양성의 감소가 더욱 가속화될 것이 분명하다.

결국 이러한 유전적 다양성의 감소는 이들의 건강성fitness에 악영향을 미쳐 질병 매개 곤충모기, 진드기 등과 감염성 질병 등에 더 취약해지고, 그 결과 생존의 위협까지 받게 될 수도 있다.그림 4-11 또한 기후변화의 영향으로 고라니의 서식지 간 이동이 더 빈번하게 일어나게 되면 로드킬로 인한 피해가 더욱 심각하게 대두될 수도 있다. 기후변화에 대한 대책은 이제 더 이상 늦출 수 없는 과제가 된 것이다.

OECD*경제협력개발기구, Organization for Economic Co-operation and Development의 『환경전망 2050』에서는 전 세계적으로 생물 다양성이 감소할 것으로 전망하고 있다. 특히 아시아를 포함한 유럽과 남아프리카에서 이

그림 4-11. 여름철 진드기에 의해 심각한 피해를 받고 있는 고라니(안산, 2005)

런 현상이 지속될 것으로 보고되었다. 생물 다양성 감소를 야기하는 가장 심각한 원인은 기후변화이며 이어서 상업용 산림 벌채, 바이오 에너지용 농지 증가가 원인으로 작용할 것이라는 예상이다. 생물 다양성 감소는 생태계 서비스*에 의존하는 농촌 빈민과 토착 원주민의 생활을 위협하게 된다. 이로 인한 경제적 손실은 연간 약 2,000~5,000조 원에 달할 것으로 추정되고 있다. 아시아에 포함된 우리나라도 정도의 차이는 있지만 이 추세에서 예외는 아닐 것이다.

고라니와 생물 다양성 그리고 생태계 서비스는 무슨 관계가 있을까. 고라니는 생태계의 아주 작은 일부에 지나지 않지만, 이 종이 감소하거나 멸종하면 이 종과 관계를 맺고 있는 다양한 동식물종의 안정적인 구조가 깨지고, 향후 종 다양성 및 유전적 다양성, 나아가 생태계 다양성에 영향을 주게 된다.

따라서 우리는 기후변화가 고라니 한 종이 아니라 전체적인 생태계에 미치는 영향을 바라보아야 한다. 아직까지는 생물 사이의 상호작용에 대한 이해도 부족하고, 유전자 수준과 생태계 등 미시적 또는 거시적 수준에서 일어나고 있는 변화를 추적하기는 어려운 상황이다. 그럼에도 불구하고 기후변화에 슬기롭게 대처하려면 생물 다양성과 생태계 서비스 측면에서의 보전과 관리를 위한 통합적인 적응 대책을 마련하는 것이 절실히 필요하다.

이 책은 한국고라니의 모든 특성을 다루지는 못했다. 지면의 제약도 있지만, 아직까지 그들의 생태, 행동, 먹이, 번식, 생리, 유전 등에 대한 연구가 미미한 탓도 있다. 앞으로 이에 대한 지속적인 노력이 필요하다고 생각한다.

여러 해 동안 중국고라니에 대한 연구가 많이 생산되고 있는 것과는 달리, 한국고라니에 대한 연구는 아직까지 너무 부족하다. 지금 이나마의 연구 성과도 과거에 비한다면 장족의 발전이라 할 만하다. 최근 한국고라니를 다룬 여러 편의 국제 논문들도 나왔는데, 향후 더 많은 연구들이 진행되어 학문적인 성과를 이루길 기대한다.

연구자의 입장에서 보자면, 사람과의 잦은 충돌 속에서 고라니의 미래가 그리 밝아 보이지 않는다. 고라니 보전과 관리를 위한 특단의 조치가 필요한 시점이다. 만약 사람들이 고라니의 특성만이 아니라 그들의 삶을 자세히 들여다본다면 서서히 변화가 찾아올 수도 있지 않을까?

고라니와 사람들의 거리가 자꾸 멀어지는 데에는 어쩌면 방송과 신문 등의 매체가 한몫을 하고 있는지도 모르겠다. 여러 매체에서 고라니에 대한 왜곡된 시선을 제공하고 있기 때문이다. 고라니에 대한 긍정적인 인식과 시선을 만들기 위해 꾸준한 홍보와 이미지 개선이 필요할 것 같다.

이 책에서는 고라니에 대한 과학적인 지식뿐만 아니라 고라니와 사람의 공통점, 고라니의 험난한 삶에 대해 다각적으로 언급하기 위해 노력했다. 먼저 고라니의 생태를 소개하고, 유전적 특성이나 질병 현황, 기후변화와 이들의 미래 등 서로 다른 분야를 엮어 하나의 책으로 만들어 본 것이다. 특히 이 책은 한국고라니를 다룬 사실상 최초의 국내 서적이 된다는 점에 의미를 부여할 수 있을 것이다.

책을 집필하는 과정 자체가 저자들이 그동안 미처 생각하지 못했던 점을 하나하나 짚어보는 계기가 되었다. 예를 들어 '고라니는 왜 뿔이 아닌 송곳니를 고집하고 있을까?', '고라니는 왜 한국과 중국에만 토착종으로 서식하는가?' 같은 질문을 통하여 고라니에 대해 저자들 스스로가 새로운 관점에서 공부를 하게 된 것이다. 특히 기후변화와 관련하여 고라니의 미래를 걱정해야 할 때가 되었다는 사실을 책을 쓰면서 더욱 절실히 느끼기도 했다. 사람도 생태계의 한 구성원이며, 생태계의 다른 구성원에 이상이 생기면 결국은 인간도 영향을 받게 될 것이기 때문이다. 결국 고라니와 사람은 떨어질 수 없는 관계임을 다시금 깨달았다.

사람과 마찬가지로 고라니도 태어나면서부터 험난한 삶을 살아가게 된다. 인간보다 더하면 더했지 결코 쉽지는 않은 삶이다. 우리 인간이 그들을 조금 더 이해하고 배려한다면 고라니의 삶은 아주 조금이나마 나아질 수도 있다. 정부의 적극적인 지원을 통하여 농민과 고라니의 충돌을 줄이고, 과학적인 생태 통로를 설치하고, 고라니의 도로 진입 방지 시스템을 개발하면 로드킬을 줄일 수 있다. 아직도 기승을 부리는 야생동물 밀렵에 대한 적극적인 차단책도 필요하다. 이는 고라니만을 위한 길이 아니라 우리 사람들을 위하는 길이기도 하다. 고라니를 비롯한 다양한 야생동물들의 종 다양성과 유전적 다양성을 보전한다면, 생태계의 가치를 높여 우리의 후손들에게 돈으로 살 수 없는 유산을 남길 수도 있게 된다.

한국고라니의 개체 수가 많은 것은 사실이다. 하지만 여윳돈이 있다고 흥청망청 써 버리면 많던 재산도 허무하게 사라지듯이 흔하게 보인다고 해서 고라니를 가볍게 본다면 이들도 곧 허무하게 사라질 수 있다. 한국고라니가 전 세계적인 멸종 위기종임을 모두가 잊지 않았으면 하는 바람이다.

고라니의 커다랗고 애수에 찬 눈을 아직도 기억한다. 바라보는 이의 삶을 반성하게 만드는 그 맑은 눈을 떠올리며, 고라니처럼, 사람처럼 살고 싶다는 생각을 한다.

게놈 genome
한 개체 또는 한 종에서의 전체 DNA 또는 모든 염색체를 말한다.

경제협력개발기구 OECD, Organization for Economic Co-operation and Development
선진국을 중심으로 구성된 경제에 관한 국제 협력 기구이며 파리에 본부를 두고 있다. 회원국은 유럽, 미국, 일본 등 29개국으로 이루어져 있다.

계통지리학 phylogeography
동일 종 내에서 혹은 계통적으로 밀접하게 연관된 종 사이에서 유전자 혈통의 지리적 분포에 영향을 주는 과정들을 분석하는 여러 가지 기법들이 있다. 이를 이용하여 과거에 살았던 종의 이동과 이들이 현재와 같은 분포를 이루게 된 역사를 유추하고 되짚어 보는 학문을 계통지리학이라고 한다.

과거 한반도와 중국 historical Korean peninsula and China
약 300만 년 전 한반도의 지형은 육지로 중국과 연결되어 있었고, 많은 하천이 존재하여 야생동물의 서식지로 매우 좋은 조건을 가지고 있었던 것으로 알려져 있다. 그 이후 빙하기와 간빙기가 반복적으로 나타난 신생대 제4기에는 해수면도 상승과 하강을 반복하였다. 약 2만 년 전에도 현재보다 해수면이 130m 이상 낮아서 한반도와 중국은 육지로 연결되어 있었다.

기후변화에 관한 정부간 협의체 IPCC, Intergovernmental Panel on Climate Change
유엔 산하에 있는 기관으로 기후변화에 관한 정보를 수집하고 그 영향을 평가해 대응 방안을 마련하는 국제 협의 기구로 1988년 11월 유엔환경계획(UNEP)과 세계기상기구(WMO)가 공동으로 설립하였다. 130여 개 국가, 2,500여 명의 과학자, 기술자, 경제정책 결정권자 등이 참여하고 있다.

다중 PCR 기법 multiple polymerase chain reaction technique
적은 수의 특정 DNA를 증폭하여 많은 수의 DNA를 만드는 방법으로 생물학, 생명공

학, 의학 등 다양한 분야에서 폭넓게 사용된다.

미세 조직 염색 기법 microhistological analysis
먹이식물을 정확하고 간편하게 분석하기 위한 방법으로 초식동물의 배설물에 포함된 식물 조각의 종 단위 분석에 이용되는 기법이다.

미토콘드리아 mitochondria
진핵생물의 세포는 음식물을 바로 에너지원으로 이용할 수 없으며, ATP(adenosine triphosphate)라고 하는 물질을 주 에너지원으로 사용한다. 미토콘드리아는 음식물에 저장된 에너지를 이용해 ATP를 합성하는 세포 내 소기관으로 세포에 에너지원을 공급하는 발전소 역할을 담당한다.

분자 계통 유전학적 연구 molecular phylogenetics
생물의 진화를 다루는 연구로, 종, 아종 또는 개체군 간의 혈통 관계 및 분화 등을 분자 유전학적 방법을 이용하여 규명하는 연구를 말한다.

브루셀라 감염증 Brucellosis
세균성 번식 장애 감염병으로 소, 돼지 등의 가축, 반려동물 및 기타 야생동물에 감염되어 생식기 및 태막의 염증과 유산, 불임 등의 증상을 나타내는 질병이다. 사람에게도 감염되는 인수 공통 전염병이다.

생물 다양성 biodiversity
종, 생물학적 군집, 생태계 상호작용, 종 내 유전적 변이를 아우르는 전체적인 범주로서 생물학적 다양성(biological diversity)이라고도 한다.

생물 주권 bio-sovereignty
생물에 대한 자국의 주권적 권리를 뜻하며, 외국의 생물자원을 우리가 사용하게 될 경우 그에 대한 대가를 지불해야 한다는 것이다. 우리의 생물자원을 외국이 사용하게 될 경우도 마찬가지다.

생태계 서비스 ecosystem service
생태계로부터 인간에게 공급되는 혜택의 범주로 홍수 억제, 청정한 물, 오염의 감소 등을 예로 들 수 있다.

세계자연보전연맹 IUCN, International Union for Conservation of Nature
지구 상에 서식하는 식물 및 동물종의 보전 상태를 가장 포괄적으로 기록하는 세계적인 기관이다. 멸종 위기종 적색 목록(Red List of Threatened Species)이 바로 이 기관에서 1963년부터 만들었다.

소 바이러스성 설사 Bovine Viral Diarrhea

반추동물의 바이러스성 감염병으로 소화관 점막의 궤양과 설사, 호흡기 병변 등을 유발하고 심각한 경우 폐사에 이른다. 소화장기 점막의 출혈, 난반, 궤양을 형성하는 질병이다.

아종(亞種) subspecies

종의 하위 단계로 미래에 종으로 분화될 중간 종으로 간주된다. 한 종 아래의 아종끼리는 교배가 가능하여 번식력이 있고 공통된 많은 형질을 가지고 있다. 품종 및 변종과는 다른 개념이다.

요네병 paratuberculosis

가성결핵으로도 불리는 질병으로, 반추동물 및 돼지 등에서 치명적인 소화기 질병을 일으키는 감염병이다. 만성 장염이 주된 증상이며, 체중 감소, 수태율 저하 및 장내의 영양분 흡수 억제로 결국 영양부족으로 죽게 되는 세균성 질병이다.

우제류의 공통 조상 common ancestor of Artiotactyla

시신세(始新世, Eocene) 초기에 나타난 토끼와 유사한 크기의 우제류 조상으로 추정되는 종이 처음 발견되었으며, 현재까지는 이 종을 우제류의 공통 조상으로 보고 있다.

유전적 다양성 genetic diversity

종 다양성, 유전적 다양성, 생태계 다양성을 포함하여 생물 다양성이라 칭하고, 이 중 유전적 다양성은 한 종의 개체군이 유전적으로 얼마나 다양한지에 대한 지표가 된다.

조절 부위와 시토크롬 *b* 유전자 control region (D-loop region) and cytochrome *b* gene

미토콘드리아에 존재하는 다양한 좌위(어떤 염색체 상의 하나의 DNA 조각) 중 하나이다. 조절 부위는 다른 부위에 비해 5~10배 빠른 속도로 변화하는 구역을 가지고 있기 때문에 아종 및 개체군 수준의 유전자 분석에 이용된다. 시토크롬 *b* 유전자는 조절 부위에 비해 상대적으로 느린 속도로 변화하기 때문에 주로 종 수준의 유전자 분석에 이용된다.

중신세(中新世) Miocene

지구의 지질시대 연대표에서 중신세(마이오세)는 홍적세(플라이오세) 이전 시기로 신생대 제3기에 해당하는 기간을 칭한다.

지리정보시스템 GIS, Geographic Information System
지리공간적으로 참조 가능한 모든 형태의 정보를 효과적으로 수집, 저장, 갱신, 조정, 분석, 표현할 수 있도록 설계된 컴퓨터의 하드웨어와 소프트웨어 및 지리적 자료, 인적 자원의 통합체이다.

차세대 염기 서열 분석 next generation sequencing, NGS
유전체를 무수히 많은 조각으로 나눈 뒤 각각의 유전체 염기 서열을 해독하는 분석 방법으로, 2004년 최초로 상용화된 후 현재까지 그 성능이 비약적으로 발전해 왔다.

창시자 효과 founder effect
한 개체군에서 낮은 빈도의 유전자형을 갖는 소수의 개체들이 새로운 곳으로 이주하면서 그 유전자형이 개체 수 증가와 더불어 폭발적으로 증가하는 효과를 말한다.

플레시오메타카팔/텔레메타카팔 그룹 plesio-metacarpal/tele-metacarpal group
플레시오메타카팔 그룹과 텔레메타카팔 그룹에 속하는 종은 앞다리 골격에서 차이가 나는데 두 번째와 다섯 번째 앞발허리뼈(메타카팔, metacarpal)의 위치와 길이가 서로 다르게 나타난다.

혈통 lineage
계통이라고도 하며, 어떤 공통 조상종(또는 개체군)으로부터 유래된 혈연적 집단을 말한다.

홍적세(洪積世) Pleistocene
플라이스토세 또는 갱신세라고도 하고 약 258만 년 전부터 1만 년 전까지의 지질시대를 말한다. 플라이스토세라는 명칭은 그리스어에서 유래되었고 '가장 새로운'이란 의미를 가지고 있다. 홍적세는 신생대 제4기에 속하며, 선신세(Pliocene)에 이어진 시기이다. 지구 위에 널리 빙하가 발달하고 매머드와 같은 코끼리류가 살았다.

Cooke A and Farrell L, Chinese water deer, London: The Mammal Society and the British Deer Society, 1998.

Dawson TP, Jackson ST, House JI, Prentice IC and Mace GM, Beyond Predictions: Biodiversity Conservation in a Changing Climate, Science 332, 2011, pp.53~58.

Geist V, Deer of the World: Their Evolution, Behaviour, and Ecology, Mechanicsburg: Stackpole Books, 1998.

Guo G and Zhang E, The distribution of the Chinese water deer (*Hydropotes inermis*) in Zhoushan Archipelago, Zhejiang Province, China, Acta Theriologica Sinica 22, 2002, pp.98~107.

Guo G and Zhang E, Diet of the Chinese Water Deer (*Hydropotes inermis*) in Zhoushan Archipelago, China, Acta Theriologica Sinica 25, 2005, pp.122~130.

Harris S, Cresswell WJ, Forde PG, Trewhella WJ, Woollard T and Wray S, Home-range analysis using radio-tracking data — a review of problems and techniques particularly as applied to the study of mammals, Mammal Review 20, 1990, pp.97~123.

Harris RB and Duckworth JW, *Hydropotes inermis*, In: IUCN 2010, IUCN Red List of Threatened Species, Version 2010.1, 2008.

Hernandez-Fernandez, M and Vrba ES, A complete estimate of the phylogeneitc relationships in Ruminantia: a dated species-level supertree of the extant ruminants, Biological Review 80, 2005, pp.269~302.

Hofmann RR, Kock RA and Lugwig J, Seasonal changes in rumen papillary development and body condition in free ranging Chinese water deer (*Hydropotes inermis*), Journal of Zoology, London 216, 1988, pp.103~107.

Hu J, Fang SG and Wan QH, Genetic diversity of Chinese water deer (*Hydropotes inermis inermis*): Implication for conservation, Biochemical Genetics 44, 2006, pp.161~172.

Hu J, Pan HJ, Wan QH and Fang SG, Nuclear DNA microsatellite analysis of genetic diversity in captive populations of Chinese water deer, Small Ruminant Research 67, 2007, pp.252~256.

Hutton J and Dickson B, Endangered species, threatened convention: the past, present and future of CITES, London: Earthscan Publications, 2000.

IUCN, 1996 IUCN red list of threatened animals, Gland: IUCN, 1996.

Kim BJ, Ecological and Genetic Characteristics of the Korean Water deer (*Hydropotes innermis argyropus*) in South Korea, Ph.D. thesis, Seoul: Seoul National University.

Kim BJ, Kim H, Won S, Kim HC, Chong ST, Klein TA, Kim KG, Seo HY and Chae JS, Ticks collected from wild and domestic animals and natural habitats in the Republic of Korea, Korean Journal of Parasitology 52, 2014, pp.281~285.

Kim BJ, Lee H and Lee SD, Species- and Sex-specific Multiple PCR Amplifications of Partial Cytochrome *b* Gene and *Zfx*/*Zfy* Introns from Invasive and Non-invasive Samples of Korean Ungulates, Genes and Genomics 31, 2009, pp.369~375.

Kim BJ, Lee NS and Lee SD, Feeding diets of the Korean water deer (*Hydropotes inermis argyropus*) based on a 202 bp *rbc*L sequence analysis, Conservation Genetics 12, 2011, pp.851~856.

Kim BJ, Lee YS, Park YS, Kim KS, Min MS, Lee SD and Lee H, Mitochondrial genetic diversity, phylogeny and population structure of *Hydropotes inermis* in South Korea, Genes and Genetic Systems 5, 2014, pp.227~235.

Kim BJ, Oh DH, Chun SH and Lee SD, Distribution, density, and habitat use of the Korean water deer (*Hydropotes inermis argyropus*) in Korea, Landscape and Ecological Engineering 7, 2011, pp.291~297.

Kim BJ, Park YS, Kim JT and Lee SD, Home range study of the Korean water deer (*Hydropotes inermis agyropus*) using radio and GPS tracking in South Korea; comparison of daily and seasonal habitat use pattern, Journal of Ecology and Field Biology 34, 2011, pp.365~370.

Koh HS, Lee BK, Wang J, Heo SW and Jang KH, Two sympatric phylogroups of the Chinese water deer (*Hydropotes inermis*) identified by mitochondrial DNA control region and cytochrome b gene analyses, Biochemical Genetics 47, 2009, pp.860~867.

Lee YS, Choi SK, An J, Park HC, Kim SI, Min MS, Kim KS and Lee H, Isolation and characterization of 12 microsatellite loci from Korean water deer (*Hydropotes inermis argyropus*) for population structure analysis in South Korea, Genes and Genomics 33, 2011, pp.535~540.

Moritz C, Patton JL, Conroy CJ, Parra JL, White GC and Beissinger SR, Impact of a Century of Climate Change on Small-Mammal Communities in Yosemite National Park, USA, Science 322, 2008, pp.261~264.

Pitra C, Fickel J, Meijaard E and Groves PC, Evolution and phylogeny of old world deer, Molecular Phylogenetics and Evolution 33, 2004, pp.880~895.

Richard JG, Deer Antlers: Regeneration, Function and Evolution, New York: Academic press, 1983.

Won C and Smith KG, History and current status of mammals of the Korean peninsula, Mammal Review 29, 1999, pp.3~33.

김영준, 「한국 야생동물 조난원인 유형분석」, 석사학위논문, 서울: 서울대학교, 2006.

김의경, 「한국에 서식하는 고라니의 행동생태, 서식지 평가 및 유전학적 특성」, 박사학위논문, 춘천: 강원대학교, 2011.

김의경, 박영철, 김원명, 김종국, 「한국에 서식하는 고라니(*Hydropotes inermis*) 먹이식물의 미세조직분석법 적용 가능성 연구」, 한국환경생태학회지 26, 2012, pp.192~199.

원병휘, 『한국동식물도감』, 제7권 동물편(포유류), 서울: 문교부, 1967.

원홍구, 『조선짐승류지』, 평양: 과학원출판사, 1968.

이배근, 「고라니(*Hydropotes inermis Swinhoe*)의 형태, 생태 및 DNA 분류학적 특징」, 박사학위논문, 청주: 충북대학교, 2003.

이수민, 「최근 차세대염기서열분석(NGS) 기술 발전과 향후 연구 방향」, BRIC View 2014-T05, 2014, pp.1~15.

이수재, 이현우, 권영한, 채여라, 윤기란, 박양우, 『기후변화에 대응하기 위한 생태계 환경안보 강화 방안(I)』, 서울: 한국환경정책평가연구원, 2013.